5G+

智能制造

驱动制造业数字化转型

潘安远　张今朝　凌文锋　王少飞◎编著

U0178803

人 民 邮 电 出 版 社

北 京

图书在版编目（CIP）数据

5G+智能制造：驱动制造业数字化转型 / 潘安远等编著. -- 北京：人民邮电出版社，2023.7
（5G产业赋能丛书）
ISBN 978-7-115-61633-3

Ⅰ. ①5… Ⅱ. ①潘… Ⅲ. ①第五代移动通信系统－应用－智能制造系统 Ⅳ. ①TH166

中国国家版本馆CIP数据核字(2023)第066490号

内 容 提 要

　　智能制造是基于先进制造技术与新一代信息技术深度融合，贯穿于设计、生产、管理、服务等产品全生命周期，具有自感知、自决策、自执行、自适应、自学习等特征，旨在提高制造业质量、效益和柔性的先进生产方式。本书立足于我国智能制造产业的发展现状与趋势，全面阐述5G、AI、大数据、物联网、VR／AR、边缘计算、工业机器人等新兴技术在智能制造领域的融合与创新应用，分别从5G+智能制造、工业人工智能、工业互联网、工业数字孪生、5G+智能工厂、智能制造供应链六大维度出发，系统介绍了当前我国智能制造领域的新技术、新业态、新模式，试图为读者描绘一幅5G时代的智能制造新图景，为传统制造业企业数字化转型升级提供有益的借鉴与参考。

　　本书适合智能制造领域的管理人员、技术人员阅读，也可供高校机械、控制、电气、计算机、工业工程等相关专业的本科生和研究生作为参考用书使用。

◆ 编　　著　潘安远　张今朝　凌文锋　王少飞
　　责任编辑　王建军
　　责任印制　马振武

◆ 人民邮电出版社出版发行　　北京市丰台区成寿寺路 11 号
　　邮编　100164　　电子邮件　315@ptpress.com.cn
　　网址　https://www.ptpress.com.cn
　　廊坊市印艺阁数字科技有限公司印刷

◆ 开本：700×1000　1/16
　　印张：12.5　　　　　　　　　　　2023 年 7 月第 1 版
　　字数：257 千字　　　　　　　　2024 年 9 月河北第 4 次印刷

定价：79.80 元

读者服务热线：(010)81055493　印装质量热线：(010)81055316
反盗版热线：(010)81055315
广告经营许可证：京东市监广登字 20170147 号

前言
■Foreword

我国制造行业经过几十年的发展，已经取得了跨越式的进步，行业规模不断扩大，整体实力不断增强。目前，我国已是全球规模最大、门类最全的制造业国家，也是全球唯一一个拥有联合国工业分类中的全部工业类别的国家。尽管如此，我国制造业仍然面临一些问题，例如能耗较高、产品附加值较低、资源消耗较高等。我国制造业需要不断优化制造过程，向高效化、绿色化发展。

高效化是指当市场或原材料有可能发生变化时，企业能够对产品质量、消耗成本、产量等综合性生产指标进行调控，提高产品的附加值，实现利润的最大化；绿色化是指企业高效地利用能源和资源，减少能源或资源消耗，减少污染物排放，实现环境保护。

制造业的高效化、绿色化发展离不开先进技术的支持。目前，人工智能已经成为提高制造业整体竞争力的关键技术，智能制造已经成为制造业发展的必然趋势。纵观全球制造业的发展史，随着基于机械技术的蒸汽机和反馈调速器的到来，全球开始了第一次工业革命；随着电力和以电气技术为基础的控制系统的出现，全球开始了第二次工业革命；随着集散型控制系统（Distributed Control System，DCS）及可编程逻辑控制器（Programmable Logic Controller，PLC）的研发，全球开始了第三次工业革命。

通过对这3次工业革命进行研究可以发现，提升工业竞争力和革新工业生产方式的关键是发展先进技术。在蒸汽时代和电气时代，控制系统是蒸汽机和发电设备的必备要素，其能够利用逻辑控制技术等对机器的动力系统进行有效控制。而在计算机技术获得发展后，其与控制技术结合升级而成的 DCS 和 PLC 技术，则可以有效地提高大规模生产线的自动化水平。

目前，随着云计算、人工智能、工业互联网、移动互联网等技术的迅猛发展，人类社会进入了第四次工业革命阶段。发达国家正在通过推进工业化战略和强化制造业创新来打造新的竞争优势，例如，美国的"先进制造业领导力战略"、德国的"国家工业战略2030"、英国的"英国工业2050战略"等以重振制造业为核心的发展战略，均以智能制造为主要抓手。同时，部分发展中国家也开始主动参与全球产业劳动力再分工，试图在全球新一轮产业竞争中抢占制高点。

发达国家充分利用其原本在信息技术领域的突出优势，快速开展智能制造业的相关建设。例如，美国国家科学基金会指出，人工智能具有让美国工业革新的潜能，能够给先进制造业带来新希望，其围绕人工智能领域先后批准了18个人工智能研究所。

为保证未来能够更加灵活高效地工作和生产，德国于2017年9月启动人工智能平台"学习系统"，并于2018年11月发布《联邦政府人工智能战略》，提出了德国发展人工智能技术的三大核心目标、12个行动领域及相关促进措施。2020年12月，德国联邦政府根据当前德国人工智能领域的发展情况对《联邦政府人工智能战略》进行了调整，聚焦人工智能领域的人才、研究、技术转移和应用、监管框架及社会认同，提出了一系列新举措。2021年，英国发布《英国工业2050战略》，强调以科技改变生产，推动信息通信技术、新材料与产品和生产网络深度融合，改变产品的设计、制造、提供、使用方式，提振制造业。

第四次工业革命使全球产业竞争迎来了新的调整，中国工程院"新一代人工智能引领下的智能制造研究"课题组发表了题为《中国智能制造发展战略研究》的研究报告。该报告提出新一代智能制造推动了我国智能制造技术和智能制造应用水平进入世界前列，是我国智能制造迈进第二阶段（2025—2035年）的重要标志。

智能制造是基于先进制造技术与新一代信息技术深度融合，贯穿于设计、生产、管理、服务等产品全生命周期，具有自感知、自决策、自执行、自适应、自学习等特征，旨在提高制造业质量、效益和柔性的先进生产方式，是促进制造业整体竞争力迅速提升的核心技术，也是我国为实现制造强国目标确立的主攻方向。我国制造业想要实现跨越式发展，必须结合智能制造，深度融合云计算、人工智能、移动互联网、大数据等信息技术，以智能制造驱动制造业的数字化转型。

　　本书立足于我国智能制造产业的发展现状与趋势，全面阐述 5G、人工智能、大数据、物联网、VR/AR、边缘计算、工业机器人等新技术在智能制造领域的融合与创新应用，系统介绍了当前我国智能制造领域的新技术、新业态、新模式，试图为读者描绘一幅 5G 时代的智能制造新图景，为传统制造业企业数字化转型升级提供有益的借鉴与参考。本书内容丰富、语言通俗易懂，不仅适合制造业企业的管理者、智能制造领域的研究者及高校师生阅读，也适合对智能制造感兴趣的普通读者翻阅。

作者

2023 年 4 月 9 日

目录
■ Contents

第一部分

5G+智能制造

第 1 章　智能制造：开启工业 4.0 革命浪潮

人类历史上的前三次工业革命，极大地推动了经济的增长和社会的进步。第一次工业革命开始于 18 世纪 60 年代，主要标志为蒸汽机的发明和纺织业的机械化，社会由此步入工业生产时代；第二次工业革命开始于 19 世纪 60 年代，主要标志为电力的发明和内燃机等的应用，电力的应用不仅进一步扩大了生产规模、提高了生产效率，同时也促使钢铁、机械等重工业迅速发展；第三次工业革命（即第三次科技革命）开始于二十世纪四五十年代，以原子能、电子计算机、空间技术和生物工程的发明和应用为主要标志，是一场涉及诸多领域的信息控制技术革命。

如果将蒸汽机时代定义为工业 1.0、将电气化时代定义为工业 2.0、将信息化时代定义为工业 3.0，那么工业 4.0 即智能化时代。工业 4.0 的概念最早由德国提出，是指利用物联信息系统实现运营信息的数据化、智能化，并构建高效、智能的产品供应链。第四次工业革命实现了工厂与工厂之间、工厂与消费者之间的"智能连接"。

在第四次工业革命中，社会生产方式发生了深刻的变化，主要表现在以下 3 个方面。第四次工业革命背景下社会生产方式的三大变革见表 1-1。

表1-1　第四次工业革命背景下社会生产方式的三大变革

三大变革	具体内容
产品生产方式	制造业企业实行柔性化生产，从批量化的大规模制造转向个性化的大规模定制。将企业内外的自动化设备和管理系统连接起来的物联网和基于人工智能的自动化设备，能够帮助企业更加快捷、高效、灵活地进行研发、生产和销售
工业增值	制造业企业把重心从制造转向服务。企业对云计算、大数据等技术的应用能力及与自身业务的整合程度将直接决定企业的竞争力大小
生产服务	智能化设备取代程序化劳动。随着数字技术的迅猛发展，机器人在力量、速度、精度等方面的优势愈加明显，在识别、分析、判断方面的能力也大幅提高。自动化设备不但能完成重复性、手工操作的业务，还能识别多种业务模式，在更广的范围内完成许多非重复性、需要认知能力的工作

综上所述，第四次工业革命使生产力得到大幅提升，从而加快人类生产和发展的步伐。我国和世界上的其他主要工业国家已经对新一轮的产业结构进行了转型升级，这将在价值链、终端产品、制造过程、生产设备、数据分析平台等方面引起全球竞争格局的变化。

新一代信息技术对传统制造业在服务模式和生产制造等各个方面的改革创新有极大的推动作用。目前，制造业正在以全新的生产服务模式和制造范式出现在大众面前。总体而言，智能制造具有4个新特征，即智能化生产、网络化协同、个性化定制、服务化延伸。

智能化生产：数字化工厂改造

智能制造时代的工厂会逐步走向自动化、智能化、少人化甚至无人化。生产设备之间相连，并且能够自动运行，工厂利用智能物流和智能生产管理就可以控制生产组织调度和原材料供应。以设备互联为基础的智能化生产依赖于智能工厂、数字化车间和柔性生产线。

智能工厂

智能工厂是基于数字化车间并借助物联网和监控等新技术实现生产管理的

强化，使计划的合理性和生产过程的可控性得以提升，尽量消除人工对生产线的干预而建设的节能、舒适、高效、环保、绿色的人性化工厂。

借助 5G 和先进的制造工具促进生产流程的智能化改造，能够让数据跨系统优化、分析、采集、流动，能够让生产方式在智能排产、过程优化、设备性能感知等方面实现智能化。当前我国一些龙头制造业企业积极部署智能工厂模式，促进智能化生产，实现了数字化和智能化转型。

数字化车间

数字化车间是生产车间数字技术和网络技术的综合运用，它以集成数控设备、生产组织系统、工艺设计系统及其他管理系统的方式，搭建起综合信息流自动化的集成制造系统，从整体上完善生产的组织与管理，强化制造系统的柔性生产，提升数字化设备的效率。

柔性生产线

柔性生产是针对大规模生产的弊端所提出来的新型生产模式，以消费者为导向，根据具体需求确定生产模式。

柔性生产线是由柔性生产单元或加工中心构成的能共线生产多种产品的生产线。通常来说，柔性生产线主要表现在以下 7 个方面。

（1）机器柔性

机器设备在具体实践中能够快速响应不同类型产品的生产。不论是非标准件的生产，还是非标准终端设施的切换，机器设备都可以自动下载，快速更换生产。

（2）工艺柔性

在不改变工艺流程的前提下，生产线对使用的原材料及生产的产品具有较强的适应能力。例如，在针对不同材质、质量的生产件抓取中，协作机器人和生产机器人能够自动采取合适的力度；再如，产线的工艺速度可以根据产品或原材料的变化而做出有针对性的调整。

（3）产品柔性

生产系统能够根据产品的更新换代、转产做出快速、经济的转换，在继承原有产品可用性的基础之上，兼容企业升级或转产的具体需求。例如，比亚迪新能源汽车产线转产口罩等，就是产品柔性的体现。

（4）维护柔性

在相关设备的维护上，采取多种方式对设备故障进行查询和处理，在解决相关故障的同时，确保正常生产。

（5）生产能力柔性

在企业需要生产不同数量的产品时，生产线有较强的应对能力。例如，在遇到订单数量突然变化的情况时，工位和备用物料都能迅速适应，灵活应对。

（6）扩展柔性

根据企业发展、增长需求，灵活地扩展和衍生相关产线，例如，增加对应模块和工艺流程的生产工位，消除拖慢生产整体效率的瓶颈工位等。

（7）运行柔性

在生产同质产品、系列产品时，能够利用不同的设备、材料、工艺甚至工序进行生产。

以上各种柔性生产的实现是一个复杂的过程。首先需要通过各类传感器、机器视觉、测量设备等集成感知；然后实时分析采集到的相关数据，做出生产决策；最后的具体生产则交由工业机器人和数控机床等各种专有设备处理。

 ## 网络化协同：数智协同供应链

目前，制造业业务外包已经成为跨国企业发展的主流方向。在实践过程中，制造业企业在企业内外部搭建以互联网为基础的供应链协作、协同设计和制造平台，集成信息系统、研发系统、运营管理系统等，打通市场需求，跨企业集聚和对接生产能力与创新资源，在设计、制造、供应、服务等环节实现并行组织和协同优化。

制造业企业借助工业互联网平台对生产资源进行整合，创建网络化协同的制造系统，按照流程、工序、结构等对复杂产品的生产任务进行分解，将其细分为部件生产、部件焊接、部件组装等环节，并按照工厂的实际产能对生产任务进行合理分配，以免浪费工厂的生产资源或者使生产任务无法在规定的时间内完成，切实提高生产任务与产能的匹配度。

中国商用飞机有限责任公司借助工业云创建了一个飞机研制系统平台，该平台支持分散在世界各地的近 150 个供应商进行数据交互，以统一的数据源为基础促使设计、制造、供应等环节实现一体化协同。

中航工业西安飞机工业（集团）有限责任公司将人、资源、信息、物料紧密联系在一起，不仅提高了资源的利用效率，促使各个工艺流程更加灵活，还缩短了飞机的制造周期，只需要大约 15 个月就能完成整机制造。

中铁工业与浪潮集团携手搭建了一个新型网络协同制造平台，使复杂产品的设计环节实现高效联动，支持多个部门对产品进行联合制造，可以对产品制造、数字化物流等环节进行协同管理，使产品交付周期缩短 5% ～ 10%，综合成本降低 3% ～ 5%。

制造业逐渐走向分散化生产的道路是清晰可见的。在传统大规模集中式的制造生产中，厂房、设备、工人等重要元素都是不可或缺的，而现在的工业生产模式将从集中式控制转向分散式增强型控制。利用互联网，制造业企业能够汇集全国乃至全世界的制造资源，进行异地网络化协同制造。

此外，制造资源逐渐被上传至云端，只要让制造装备和制造资源联网构建资源池，形成云化资源，便可以让成千上万个中小企业按需付费使用，在大幅降低制造成本的同时，还能解决制造业企业产能过剩的问题，维持产销的动态平衡。

5G 时代赋予网络化协同制造新的内涵和应用。企业通过工业云平台和大数据，在企业间运用协同研发、供应链协同、众包设计等新模式进行运营，不但大幅缩减了资源的获取成本，而且加快了从"单打独斗"转向产业协同的步伐。

协同研发、供应链协同、众包设计等模式都属于网络化协同，它们为传统企业的创新发展找到了更低成本、更高效率的新途径。

 ## 个性化定制：无缝对接用户需求

个性化定制是一种按用户需求进行产品定制和服务的生产方式。在实践过程中，制造业企业借助大数据、互联网、工业云等技术，以创建在线设计中心、用户体验中心、用户定制服务平台等互联网平台的方式对用户的个性化需求信息进行采集和对接，使用户在生产的全过程中有更强的参与感，并在个性化方面获得最佳体验，以此激发用户的消费潜力。

作为家电行业的领军企业，海尔不但致力于技术创新，而且在为用户提供个性化定制服务方面也做出了很好的示范。海尔沈阳电冰箱厂借助 COSMOPlat 工业互联网平台，真正做到了以用户为核心创建产品生态系统，根据用户需求为其定制产品，逐渐放弃传统的大规模制造模式，大力推行大规模定制业务，产品的不合格率大幅降低，产品的生产效率提高了 79%，企业营收增长了 44%，并且没有出现人们通常认为的产品定制会延长产品生产周期的问题。

作为一家生产经营高档服饰的大型企业，红领集团也在积极尝试个性化定制模式，打造了一个一体化的开放式互联网定制平台——RCMTM。收到用户的定制需求后，该平台可以在 5 分钟内采集人体 19 个部位的数据，然后根据数据库内存储的 3000 多亿个服装版型数据，快速为用户匹配合适的服装版型。在定制化生产模式下，红领集团的生产成本提高了 10%，但设计成本减少了 90%，生产周期缩短了 50%，库存趋近于零，总体来看经济效益得到了大幅提升。

随着新生代消费群体的崛起，定制需求逐渐旺盛。新生代消费群体对品牌的认识更加独到、深刻，希望借助产品彰显个性，简单的功能性产品无法满足他们的需求。在新的产销关系中，企业需要深度掌握用户的个性化需求，在大规模定制方面提升能力，以赢得新生代消费者的青睐。

若要实现个性化定制模式的落地，制造业企业需要提高产品个性化、部件模块化、零件标准化的重组速度，促进生产制造关键环节柔性化改造和组织调整，创建能够动态感知消费需求的设计、制造及服务新模式。

例如，中航第一飞机研究院研制的"新飞豹"轰炸机用到了数字样机技术，切实提高了轰炸机各部件的模块化设计水平，最终形成了 54000 多个结构件、43 万个标准件，使设计周期缩短了 68%，设计返工时间减少了 30%。

上海外高桥造船有限公司拥有现代化程度较高的大型船舶总装厂，针对豪华邮轮设计创建了一个大型协同设计平台，可以与国外的设计公司进行合作，共同致力于邮轮设计，并简化向船东[1]送审图纸的流程，可以根据船东反馈对设计方案进行实时修改，切实满足船东的个性化需求，将豪华邮轮的设计效率提高了 30%。

5G 在智能制造领域的落地，将大大提高产线的灵活性和柔性程度，为大规模普及柔性化生产奠定基础。一方面，在工厂中应用 5G 网络，不但能缩减机器之间连接线缆的成本，还能凭借连续覆盖、高可靠性的网络，让机器实现自由移动，按需抵达每个地点，在各个场景中不间断工作并对不同的工作内容进行平滑切换。另一方面，5G 能够建立起以人和机器为中心的连接工厂内外的全方位信息生态系统，做到信息实时共享。企业的产品设计和生产过程由客户亲自参与，产品状态信息也能被客户实时查询。

 ## 服务化延伸：服务型制造新模式

最近几年，制造业企业将重点放在价值链和产业链的延伸上，借助制造优势发展服务业，由生产加工向产品研发、流程控制、客户管理、市场营销等生

1　船东：合法拥有船舶主权的人，《船舶所有权证书》的合法持有人，可以是公民、法人、公司。

产性服务拓展，企业业务也由生产制造转向提供服务。在实践过程中，制造业企业以大数据、互联网和智能软件为技术基础，创建产品全生命周期管理平台，实施设备维护、远程操控、质量控制、产品溯源、健康状况监测等服务，实现由生产制造商向制造服务商的转变。

企业的运营模式正在发生改变。在传统企业中，产品的设计和生产是重点关注的环节，生产流程在售卖产品并获取收益后结束；而在现在的企业中，售卖产品仅仅是销售的第一步，企业还会借助新一代信息技术对产品的整个生命周期进行维护、支持、运营和管理。

制造业服务化延伸的典型应用场景具体体现在以下 3 个方面。

产品效能提升服务

（1）设备健康管理

制造业服务平台会不断收集设备制造工艺、运行状况等方面的数据，根据这些数据创建设备故障诊断模型、预测预警模型、健康管理模型等，对设备管理与维护提供强有力的支持。

（2）工业产品远程运维

制造业服务平台会采集产品设计、运行、环境等方面的数据，并根据这些数据对设备故障进行诊断与预测，对设备寿命进行评估等。

（3）设备融资租赁

制造业企业可以借助工业互联网平台收集设备运行过程中产生的各类数据，对企业生产经营数据进行综合分析，创建客户经营、信用等大数据分析模型，为客户信用评级、质量评价提供科学依据。

产业链条增值服务

（1）现代供应链管理

制造业企业可以借助工业互联网平台，面向采购、供应链管理、智慧物流、智能仓储等环节打造云化应用服务，促使制造业企业与供应链各主体的资金流、信息流、商流、物流等实现一体化对接，打造规范化、标准化的业务流程。

（2）分享制造能力

制造业企业可以借助工业互联网平台开发一些工业 App，通过 App 公开发布企业的制造能力，实现供需的实时对接，让制造能力实现在线分享与优化配置，提高制造能力计费的精准性，为全行业的制造资源提供一个公开流动平台，促使制造资源实现泛在连接，切实提高制造资源供给弹性与配置效率。

（3）互联网金融服务

制造业企业可以借助工业互联网平台采集产业集聚区内其他制造业企业的生产经营数据，基于这些数据创建大数据分析模型，对客户经营情况、信用情况等进行分析，开发可以对客户经营状况进行预测的工业 App，对企业信用进行评级，对企业的坏账率进行估算，为银行的贷款决策提供科学依据。

综合解决方案服务

（1）智能工厂综合解决方案

机械、船舶、汽车等产品的生产制造过程通常比较复杂，需要分解为若干环节，因此，这些产品制造行业可以借助工业互联网平台对制造单元、加工中心、生产线和车间进行升级，增加各类设备之间的联系，提高设备的智能管控水平，实现对生产现场的全面感知，对生产过程中产生的各类数据进行集成应用，打造一个精准、敏捷、柔性化的生产过程。

冶金、石化等行业通常按照批量或连续的方式开展生产活动，这些行业可以借助工业互联网平台提高整个生产过程的智能化水平，对生产工艺、生产过程、设备运行状态进行实时监测，提高故障诊断的准确性与及时性，提高产品生产质量，实现节能减排，提高整个生产过程的集约化水平，推动整个生产过程不断优化。

（2）创新创业综合解决方案

制造业企业可以利用工业互联网平台对企业内部及产业链上下游的创业创

新资源进行整合，利用数字技术对工业生产的全要素进行改造，借助工业互联网平台对这些要素进行共享，为企业的创业创新提供强有力的支持。

在制造业服务化延伸的过程中，企业需要积极利用 5G、大数据、云计算等先进技术，采集运行过程中的数据，对数据进行分析，并构建智能化服务平台，在减少资源投入的同时延伸企业的价值链条。

第2章 5G赋能：驱动制造业数字化转型

 ## 5G+智能制造：赋能制造强国建设

在我国，随着5G在商业领域的广泛应用，5G已逐步成为数字经济转型过程中的重要基础设施，并逐渐深入参与社会的各个领域和各个行业。作为新一代信息通信技术，5G不再只服务于人与人之间的通信，它的服务对象已延伸到人与物、物与物通信，应用领域已经从移动互联网延伸到移动物联网，5G加速了人机深度交互、万物泛在互联、智能引领变革的新时代的到来。5G确立了新一代信息通信技术的战略制高点和发展方向，将在生产方式、生活方式等方面引起重大变革，也将成为世界范围内新一轮科技和产业革命的必争之地。

5G赋能：驱动我国实体经济高质量发展

为了完成从"制造大国"到"制造强国"的转变，我们必须掌握5G标准的主导权，这不仅有利于我国确立在5G商用落地方面的优势地位，抢先聚焦全球产业资源，而且有利于扩大我国信息通信业的影响力，便于在未来的国际竞争中占据有利地位。

回顾信息通信技术发展的30余年，我国信息通信技术从无到有，从有到优。

从 1G 空白到 2G 跟随，再到 3G 突破和 4G 同步，如今正实现 5G 引领。在信息通信技术方面，我国已走在世界前列，且持续不断地更新升级通信技术，一次次改变了新兴产业的市场格局。

5G 的发展极大地促进了信息消费爆发式增长和数字经济的繁荣。5G 在传统的信息通信技术的基础上进一步优化了用户体验。与 4G 相比，5G 体现出诸多方面的技术特性与优势。5G 的技术特性与优势见表 2-1。

表2-1　5G的技术特性与优势

技术特性	主要优势
容量方面	5G 单位面积移动数据流量更大，约是 4G 的 1000 倍
传输速率方面	5G 的峰值速率能够达到 10～20Gbit/s，可以满足 VR、高清视频等需要大数据量传输的应用场景
时延方面	5G 的空中接口时延低至 1ms，能够满足远程医疗、自动驾驶等对于网络时延要求高的应用场景
可接入性方面	5G 具备每平方千米连接百万设备的能力，适用于物联网通信场景
可靠性和能耗	5G 每比特能源消耗将降到原来的千分之一，低功率电池的续航时间也会增加 10 倍

5G 不仅提高了数据的传输速率，也为人工智能和物联网的发展奠定了技术基础。未来，我国制造业将通过融合 5G 与大数据、云计算、人工智能和 VR/AR 等技术，实现万物互联，为行业的数字化转型建设最为重要的基础设施。首先，5G 能够为用户提供下一代社交网络和超高清视频等业务体验，推进人类交互方式再度升级。其次，5G 还能够接入千亿量级的设备，融合智能家居、智慧城市等典型应用场景。最后，5G 还能借助其超低时延、超高可靠性的优势，在车联网、工业互联网等垂直行业中获得广泛应用。

5G+智能制造：建设制造强国的关键支撑

当前，制造业的发展越来越需要具有灵活组网能力的高性能无线网络。5G 具有能与光纤一较高下的传输速率、接近工业总线的实时能力和万物互联的泛在连接，正在进一步向工业领域深入融合。5G 定义的三大场景既将大带宽、低时延等传统的应用场景囊括在内，又达到了工业环境中的设备互联和远程交互应用的要求，其广域网全覆盖的优势为企业建立统一的无线网络奠定了基础。

在新一代智能制造系统中，5G 已经成为一项关键使能技术，它通过对制造业各领域进行赋能，积极推进工业互联网的应用和智能制造的转型，推动我国实现网络强国与制造强国的战略目标。

新一代信息通信技术在制造业中的应用越来越广泛，这促进了构建数据驱动、软件定义、智能主导、服务增值、平台支撑的新型制造体系。信息技术与工业技术互相融合产生的工业互联网为制造业的网络化、数字化、智能化奠定了坚实的基础。

5G 是工业互联网的关键组成部分，也是我国实行数字化战略的重要引擎。现阶段，各个国家的数字经济战略都把 5G 当作优先发展的领域，力争超前研发并部署 5G 相关技术。

5G 的蓬勃发展为我国的智能制造带来了千载难逢的历史机遇，牢牢把握这一机遇将会进一步推进我国制造业高质量发展。放眼全局，5G 时代将实现真正的"万物互联"，掌握 5G 话语权将给我国的产业发展提供更多的优势，对我国的产业转型升级具有重大的战略意义。

智能制造对 5G 网络的需求

5G 将凭借其大带宽、低时延、高可靠等优势为制造业的产业转型赋能，充分满足新型工业在转型升级过程中对网络的需求。5G 不但能做到人与人之间的互联，还促进了人与物、物与物之间的海量互联，实现了端和端之间以毫秒级的超低时延连接和近乎 100% 的高可靠性通信，在技术方面为工业互联网的预警和实时控制保驾护航。5G 的覆盖范围和传输速率进入了新时期，这将极大地促进人、机、物之间的智能协同，为制造业带来转型机遇，使制造业发生翻天覆地的变化。

制造业的数字化转型，需要以具有更强性能指标的通信技术为保障，5G 等新一代信息通信技术与制造业结合的步伐正在不断加快。

传统的工业网络有时延、"数据孤岛"和安全风险等缺陷，大部分现场总线难以达到使用要求，无法连接不同厂家的设备，也不能有效监控设备状态，企业要在计划排产、设备检测、物料配送、生产协同和质量控制等环节上花费大量的人力和物力。传统 IP 网络服务因时延抖动、数据易丢失，不能在时间敏感的场景中使用，在网络安全方面也存在很大的隐患，工业控制设备一般不打补丁，当连接外网时，非常容易被入侵，这会对企业造成巨大的损失。

5G 不仅可以解决人与人连接的问题，还可以解决人与物、物与物之间连接的问题。智能制造使用两种网络通信传输方式，一种是有线的以太网通信技术和工业无源光网络，另一种是无线的 4G、5G、RoLa、Wi-Fi、窄带物联网（Narrow Band Internet of Things，NB-IoT）、Zigbee 等网络技术。工业互联网背景下 5G 的发展方向见表 2-2。

表2-2　工业互联网背景下5G的发展方向

指标	具体要求
传输速率	数据传输速率提高 10 ～ 100 倍，用户体验速率达到 0.1 ～ 1Gbit/s，用户峰值速率达到 10Gbit/s
时延	时延降低到原来的 1/5 ～ 1/10，达到毫秒级，可以确保能够应用工业实时控制、云化机器人等，及时向设备发送数据和系统控制指令，保证生产操作过程安全和稳妥
设备连接密度	设备连接密度提高 10 ～ 100 倍，达到每平方千米 600 万个，实现自动导引车（Automated Guided Vehicle，AGV）多机协同、人机物三元协同等应用，实现智能制造柔性生产，提高生产效率，优化生产工艺
流量密度	流量密度提高 100 ～ 1000 倍，通过数字孪生、智能监测等，结合远程通信技术和人工智能，达到对大数据分析和运算、专家系统开发、工业协同操作指导等方面的要求
安全性	建立 5G 网络安全架构，满足各种应用、各种级别的应用场景和业务对安全的需求

 5G+智能制造的体系架构

5G 网络的服务中心由人变为物，5G 网络凭借其大带宽、低时延、高可靠等优势，推动了无线技术在远程维护及操控、现场设备实时控制、工业高清图像处理等工业领域的应用，为未来建立柔性车间和柔性生产线提供了技术基础。

随着我国实施制造强国战略的步伐加快，5G 将在智能制造领域被充分应用。在总体架构上，5G+智能制造的架构体系主要包括数据层、网络层、平台层和应用层 4 个层面。5G+智能制造总体架构如图 2-1 所示。

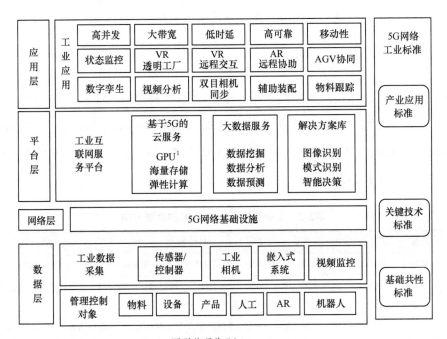

注：1. GPU（Graphics Processing Unit，图形处理单元）。

图 2-1　5G+智能制造总体架构

（1）数据层

数据层可以对智能制造领域的生产数据进行采集，例如生产过程中的车间工况、设备状态等。从本质来看，其是利用传感技术实时对工厂内的人员、运营环境、多源设备、异构系统等要素信息进行采集和云端汇集，进而建立起一个精准、高效、实时的数据采集体系。

同时，数据层借助边缘计算技术和协议转换，在边缘侧分析处理采集到的一部分数据，并将分析结果直接传到设备上；对传到云端的另一部分数据进行综合分析处理，根据分析结果优化决策。数据层能够使整个制造流程中的隐性数据显性化，提供大量的数据源，支撑制造资源不断优化，为实时分析、科学决策和创建智能制造工业互联网服务平台奠定了基础。

（2）网络层

网络层能够确保给平台层和应用层提供更加优质的服务，拥有海量连接、低时延特性的5G能够连接工厂内大量的生产设备和关键部件，及时采集生产数据，优化生产流程和能耗管理。

借助5G网络，工厂中的传感器能在非常短的时间内完成信息状态的传输，帮助管理人员精准调控工厂内的环境。不仅如此，工厂中高分辨率的监控录像也能借助5G网络同步传输到控制中心，超高清的视频能够再现各个区域的生产细节，工厂的监控和管理将会更加精细化。

在精密测量、精细原材料识别、产品缺陷检测等环节中需要应用视频图像识别技术，而5G网络能实时传送大量的高分辨率视频图像，提高机器视觉系统识别的精度和速度。不仅如此，5G网络还能对不同工厂、不同地区的生产设备在全生命周期内的工作状态进行实时监测，及时诊断和维修跨工厂、跨地域的远程生产设备故障。

（3）平台层

智能制造完成再次升级的关键是以5G为基础的平台层建设，主要包括基于5G的云服务、大数据服务和解决方案库3个部分。其中，基于5G的云服务以GPU、海量存储和弹性计算为主；大数据服务以数据挖掘、数据分析和数据预测为主；解决方案库以图像识别、模式识别和智能决策为主。

首先，以5G为基础的云服务能够为工业App的开发、测试、部署等环节提供便捷，使工业App快速升级和应用。其次，基于工业互联网平台和5G的大数据服务，能够构建实时的数据分析模型，并指导相关运营和决策。最后，将国内外先进的人工智能技术和5G进行融合，在工厂的解决方案库中加入图像识别、模式识别、智能决策等应用，完善解决方案。

（4）应用层

在5G环境中，各种行业解决方案和典型产品等智能制造技术的转化工作是由应用层负责的。应用层以 5G 网络的高并发、大带宽、低时延、高可靠、移动性等优势为基础，成系列地开发行业应用 App，进而满足企业对数字化和智能化的需求。

目前相对多见的应用场景有状态监控、VR 透明工厂、VR 远程交互、AR 远程协助、AGV 协同、数字孪生、视频分析、双目相机同步、辅助装配、物料跟踪等。5G 和工业各领域持续保持深度融合，研发"5G+"的行业应用系统、终端和配套软件，在各个不同的场景中为用户提供精准化、个性化、智能化的服务，为智能制造赋能。

第3章 底层基石：5G+ 智能制造的关键技术

工业互联网对网络有性能差异化、连接多样性和通信多样化的要求，而 5G 能够凭借低时延、高速率、海量连接等优势满足这些要求。5G 网络在工业领域的应用明显提高了工业互联网产业的供给能力，在技术上为工业互联网的跨越式发展奠定了基础，能够全方位促进工业互联网创新业务、创新模式。

5G+智能制造的关键技术主要包括工业网络技术、工厂操作系统与工业机理模型、5G 网络安全技术。

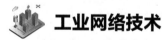 ## 工业网络技术

时间敏感网络

工业互联网的发展及工业 4.0 的推进，对网络提出了更高的要求，传统的以太网已经无法满足这种要求。这使时间敏感网络（Time Sensitive Network，TSN）的技术优势得到凸显，时间敏感网络所具有的时间敏感机制，能够确保数据实现实时、可靠的传播。

实际上，在此前以太网的应用过程中，音视频等内容的传输已经存在明显

的时延问题。而为了解决数据同步传输的问题，IEEE 802.1 工作组成立了以太网音视频桥接任务组；后来，随着物联网等概念的出现，数据的同步传输需求愈发强烈，以太网音视频桥接任务组便更名为 TSN 工作组，并将时间确定性以太网应用于更多领域。为了适用于无人驾驶及工业互联网等对网络要求更高的应用场景，TSN 工作组对网络的算法和机制等进行了升级，常用的 TSN 协议已经能够达到微秒级甚至是纳秒级的精度误差。

目前，TSN 已经成为有线领域的关键网络技术，5G 成为无线领域的关键网络技术，根据应用场景的不同，二者能够通过深度融合、承载网融合、拼接式融合等方式有效地确保端到端的超低时延、高可靠传输，共同为工业互联网等领域的发展构建高质量的互联网。

网络切片

在 4G 时代，网络模式是"一刀切"的，而如今工业互联网等诸多领域对网络的需求复杂多样。作为 5G 网络中的一项重要技术，网络切片能够将同一个物理网络基础设施划分为逻辑独立的不同虚拟网络，各个虚拟网络的带宽、安全性、吞吐量、时延等具有差异，因而能够提供灵活的网络服务。5G 网络可以根据应用场景划分为海量物联网、移动宽带和任务关键性物联网，这 3 类应用场景的服务需求是各不相同的。网络切片能够针对不同的应用场景，提供逻辑独立、相互隔离的完整网络，当各个领域的各种设备集中接入网络时，一个物理网络可以被网络切片分为多个虚拟的逻辑网络，再采用虚拟网络和应用场景一一对应的方式满足不同的应用需求，进而实现 5G 网络共享，节省频谱资源。

边缘计算

边缘计算在数据消费者的最近端提供应用所需的计算服务、存储服务、云服务和基础设施环境。与云计算服务相比，边缘计算不存在过高的时延和过大的流量，能够更好地支撑实时型业务和带宽密集型业务的发展。边缘计算不受接入方式的影响，5G 网络原生支持边缘计算，能够提供网络架构、会话管理等多方面的能力。在 5G 网络的支持下，相应的数据流能够通过转发路径上的分流点进入对应的边缘节点。随着用户的变化，要想继续确保各个等级、各种方式的业务连续性，就要做到分流能力对应用开放并针对转发路径提供优化和加速服务。

 # 工厂操作系统与机理模型

IaaS技术

基础设施即服务（Infrastructure as a Service，IaaS）以虚拟化、负载调度、并行计算、分布式存储等技术为基础，对计算、存储、网络等计算机资源进行池化管理，按需求弹性分配，安全隔离使用资源，提供完备的云基础设施服务。

5G 网络功能虚拟化通过将路由、交换、防火墙、流量分析、负载平衡、体验质量（Quality of Experience，QoE）测量和会话边界控制等特定功能从传统的硬件中剥离并转化为以硬件为基础的、不受硬件限制的软件网络功能，进而在提高网络灵活性的同时缩减成本。

网络功能虚拟化（Network Functions Virtualization，NFV）的工作方式是运用虚拟化技术将特有物理硬件转换成虚拟服务器和执行网络功能的机器，由电信运营商通过新的虚拟机来部署新的网络功能。网络功能虚拟化的出现使电信运营商不需要完全依靠专用的物理硬件来实现加密或防火墙等功能，从而有效提高了网络的可扩展性。

应用开发和微服务技术

应用开发和微服务技术见表 3-1。

表3-1 应用开发和微服务技术

关键技术	具体内容
多语言与工具支持	在语言编译环境方面，支持 Java、PHP、Ruby 等各种语言；在开发工具方面，提供 Git、Jenkins、Eclipse Integration 和 JBoss Developer Studio 等各类产品，构建一个高效便捷的集成开发环境
微服务架构	在管理机制和运行环境方面，涵盖发现、调用、通信、服务注册等多项内容，能够支撑以微型服务单元为基础的"松耦合"的应用开发和部署
图形化编程	运用与 LabVIEW 相似的图形化编程工具，使开发流程变得更加简单，在应用创建、测试、扩展等方面，可以采用直接拖曳的方式

数据集成与边缘处理技术

数据集成与边缘处理技术见表 3-2。

表3-2 数据集成与边缘处理技术

关键技术	具体内容
设备接入	在光纤和以太网等通用协议、工业总线和工业以太网等工业通信协议及 NB-IoT、3G/4G 等无线协议的基础上，在平台边缘层接入工业现场设备
协议转换	不仅能运用中间件、协议解析等技术兼容 CAN、OPC、ModBus、Profibus 等各种类型的软件通信接口和工业通信协议，转换并统一数据格式，还能运用 MQTT、HTTP 等方式把采集到的数据从边缘侧传输到云端，远程接入数据
边缘数据处理	以实时操作系统、高性能计算芯片、边缘分析算法等技术为基础，在离设备或数据源头近的边缘层发起应用程序，在附近对数据进行预处理、存储和智能分析应用，操作更加灵敏，网络更加顺畅

工业数据建模与分析技术

工业数据建模与分析技术见表 3-3。

表3-3 工业数据建模与分析技术

关键技术	具体内容
数据分析算法	借助机器学习、数学统计和最新的人工智能算法，对时序数据、实时数据和历史数据进行关联、聚类和预测分析
机理建模	将工业生产中的实践经验与物理、化学、电子、机械等各领域的专业知识相结合，在已知的工业机理的基础上构建各种模型并进行分析应用

数据管理技术

数据管理技术见表 3-4。

表3-4　数据管理技术

关键技术	具体内容
数据处理框架	运用 Storm、Spark 和 Hadoop 等分布式数据处理架构对大量数据进行批处理 [1] 和流处理 [2]
数据预处理	借助归一化、异常检测、数据冗余剔除等方法清洗原始数据，在之后的数据存储、管理和分析中提供高质量的数据来源
数据存储与管理	借助时序数据库、关系数据库、NoSQL 数据库、分布式文件系统等多种多样的数据管理引擎，对大量工业数据进行分区选择、存储、编目和索引等

注：1. 数据的批处理可以理解为一系列相关联的任务按顺序（或并行）一个接一个地执行。
　　2. 数据的流处理可以理解为系统需要接收并处理一系列连续不断变化的数据。

 # 5G 网络安全技术

5G 网络安全技术主要包括智能终端安全技术与网络信息安全技术，具体分析如下。

智能终端安全技术

采用不同的接入类型和技术的各种终端对安全需求的要求是各不相同的，5G 网络要做到支持各类终端的接入，并满足各类终端的安全需求。5G 终端在安全通用方面的要求包含用户对信令数据的用户隐私保护、签约凭证的安全存储与处理、机密性保护等。5G 终端特殊安全要求包括以下 3 个方面。

① 应用于超可靠低时延通信（ultra-Reliable and Low-Latency Communication，uRLLC）应用场景（例如智慧医疗中的远程手术、车联网等）的终端，需要支持高安全、高可靠的安全机制。

② 应用于大连接物联网（massive Machine-Type Communication，mMTC）应用场景（例如智慧农场、智慧城市等）的终端，需要提供轻量级的安全算法和

协议。

③ 应用于一些特殊行业的应用场景中的终端，需要提供定制化的操作系统和专用的安全芯片。

此外，在保障终端的外部安全方面，通常采用引入标准化的安全接口、第三方安全服务、安全模块，并支持以云为基础的安全增强机制，为终端提供安全分析、安全监测、安全管控等辅助安全功能。

网络信息安全技术

网络信息安全技术见表 3-5。

表3-5　网络信息安全技术

关键技术	具体内容
数据接入安全	借助工业网闸、工业防火墙和加密隧道传输等技术手段，避免数据被侦听、被泄露或者被篡改，确保数据在源头和传输过程中的安全
平台安全	借助网页防篡改、网站威胁防护、恶意代码防护、网络安全防御系统和平台入侵实时检测等技术，确保工业互联网平台在网站、数据、应用和代码等方面的安全
访问安全	以设置统一访问机制的方式，对用户的访问权限、能使用的计算资源和网络资源进行制约，对云平台的重要资源进行管理和访问控制，防止出现非法访问的问题

第4章 实现路径：5G+智能制造的应用场景

 基于 5G+VR/AR 的协同设计

当前制造业中的一些产业迫切需要从成本优势型产业转型为技术优势型产业，制造业产业链的竞争焦点也转变为持续研发具有自主知识产权的高科技新产品。传统的产品研发往往采用按顺序作业的工程方法，由于企业的设计、工艺、制造、检验、组织和管理等环节相互独立，设计人员通常考虑不到制造工艺方面的问题，设计与工艺制造环节难以紧密联系，往往无法保证产品质量。

5G 拥有大带宽、低时延、广连接的优势，既能回传多路高清视频并实时分析反馈的数据，又能基于 4G 网络进一步优化 5G 的安全性和稳定性，满足大量有较高工厂信息安全要求的客户需求。在工业设计中运用 VR 技术，能够让远程操作的工作人员在同一个虚拟场景中联合设计产品。

5G 系统中的产品协同设计是基于数字化设计制造打造的设计、工艺、制造等环节相互协同的生产模式。在基于 5G+VR/AR 的协同设计下，产品的各个零部件从设计、工艺、生产到装配，都在计算机提供的建模和仿真环境中完成，并通过建模和仿真进行优化和系统设计，在各个环节中充分共享产品研发信息。

在进行复杂或高端的设备制造时，需要有多家供应商共同参与并在最后进行整合，可以借助虚拟样机对所需材料和材质的强度进行模拟仿真或认证，从而大幅提升研发效率，缩减研发成本。产品协同设计不同于传统的设计研发模式，它将虚拟样机作为核心，采用单一数据源协同设计的工作形式，确保在设计和制造过程中的数据是唯一的。

5G 网络下的闭环控制系统

制造工厂中最基本的应用是以闭环控制系统为核心的自动控制。闭环控制系统中的每个传感器都能在控制周期内进行连续测量，这些测量数据将会被传输到控制器用于执行器的设定。

由于典型的闭环控制系统的控制周期低至毫秒级别，要想使控制系统实现精准控制，就必须使系统通信的时延控制在毫秒级别，这对可靠性提出了极高的要求。但 4G 的时延较长，无法快速执行一些控制指令，且在数据传输过程中容易产生错误的控制信息，引起生产停机，造成财务亏损。

自动控制过程在规模生产的许多生产环节中都有应用，因此需要利用无线网连接海量的传感器、控制器和执行器。闭环控制系统的各个应用对控制周期的时延要求、带宽要求及传感器数量要求都是不相同的。

5G 切片网络能够为工厂提供低时延、高可靠、广连接的网络，为利用无线网络连接闭环控制应用奠定了技术基础。

4G 的传输速率已是百兆级别，而 5G 的传输速率却能达到每秒上千兆的级别，5G 的下行峰值速率也高达 20Gbit/s。不仅如此，与 4G 相比，5G 的端到端时延降至 1ms，5G 强大的网络能力能够充分满足云化机器人在时延和可靠性方面的要求，达到高精度时间同步。

工业实时控制分为设备自主控制和远程实时控制两个部分。工业实时控制的实现方式见表4-1。

表4-1　工业实时控制的实现方式

工业实时控制	实现方式
设备自主控制	设备自主控制主要通过端到端的通信来体现。以 5G 为基础的移动边缘计算（Mobile Edge Computing，MEC）技术通常在无线网络的边缘处部署服务器，只需要一跳就可以完成终端与服务器的交互，大幅缩短端到端的时延
远程实时控制	为实现远程实时控制，受控者需要以远程感知为基础，以 5G 通信网络为工具，将状态信息发送给控制者。控制者将收到的状态信息作为依据进行分析、判断及决策，再借助 5G 通信网络将相应的动作指令发送给受控者，受控者通过执行收到的动作指令完成远程控制的处理流程

 # 5G 赋能柔性生产线

柔性生产线在产品的生产过程中能够灵活多变地调整任务，不受订单变化的影响，能够辅助企业实现生产的多样化、个性化和定制化。

即便传统网络架构中生产线上的各个单元已经拥有了相对完善的模块化设计，也会受限于物理空间的网络部署，这严重制约了制造业企业的混线生产。

智能制造生产场景中的柔性生产对机器处理差异化业务的能力和灵活性有较高要求，需要机器人具备自组织和协同的能力。为了大幅降低机器人的硬件成本和功耗，可以在云技术机器人的作用下，把数据存储功能和大量运算功能放在云端。

以 5G 为基础的 eLTE 相关技术有更好的抗干扰性，5G 通信广连接的特性增加了 10 ～ 100 倍的可联网设备，能够覆盖更广泛的区域，为获得数据信息提供了便利。此外，5G 网络能支持 99.999% 的连接可靠性；在云化机器人应用上，5G 切片网络能提供端到端的定制化网络支撑，赋予机器人自组织与协同能力。5G 赋能柔性生产线的具体措施见表 4-2。

表4-2　5G赋能柔性生产线的具体措施

具体措施	主要内容
提升生产线的灵活部署能力	在未来的柔性生产线上，各制造模块既要灵活快速地对生产活动进行重点部署，也要实现低成本改造升级。在工厂中通过5G网络将生产线上的设备与云端平台连接在一起，打破线缆的制约，对功能进行快速更新、拓展、自由移动、拆分组合，快速完成生产线的灵活改造
促进网络部署弹性化	5G网络中的网络切片功能、NFV和软件定义网络（Software Defined Network，SDN）能辅助制造业企业灵活编排适用于各个业务场景的网络架构，根据不同需求创建专用传输网络，也能按照传输需求调配网络资源，采用优先级配置和带宽限制等方法确保各个生产环节的性能，并提供相应的网络控制功能

 5G+AIoT 驱动的远程运维

大型企业的设备维护常常是跨工厂、跨地域的，会出现远程定位问题。

传统的车间运维需要工程师马不停蹄地工作，耗费大量的人力和物力。工厂中的传感器持续监测并上传数据，会产生庞大的数据量，因此在设计时必须将大数据纳入考虑范围。

5G传感器具有低时延、高可靠、无干扰、覆盖广等优势。通过将传感器安装在设备上的方式扩大覆盖面，把采集到的数据直接传至云端。5G传感器以数据分析、云端计算和边缘计算为技术基础，以设备机理模型、专家知识模型和设备异常模型为辅助，根据分析产品运行趋势产生的产品体检报告，给出预测性维护与维修建议。5G传感器融合云计算、边缘计算和知识库资源，创建分析模型并生成预测报告，使设备的有效作业率和使用寿命得以提升，为设备的维护与维修制定标准。

广覆盖、广连接的5G网络能够实时远程监测生产设备在整个生命周期中的工作状态，并跨工厂、跨地域地对生产设备进行远程故障诊断和维修。在具体的实践过程中，可以在云端部署能够分析设备运行状态的应用，当应用基于采集的数据给出设备运行故障的诊断结果后，操作人员便可以在通过5G连接的操作端进行处理，从而保证设备的稳定运转。

在工业生产的过程中运用以 5G 为基础的 VR 技术进行故障检测，能够提高检测的安全性。能进行高速运算的 5G 可以通过对比数据与专家系统中的故障特征的方式有效识别异常数据，并由此建立以 5G 为技术基础的故障诊断系统。

 # 5G+VR/AR 虚拟培训指导

在传统的工业领域的培训中，师资、场地等因素导致了培训成本较高，而且由于培训内容的专业性较强，培训效果往往也并不理想。5G 具有大带宽、低时延等优势，能够满足多样化的应用场景需求；VR/AR 则能够综合利用三维图形技术、多媒体技术、仿真技术、显示技术、伺服技术等多种技术，为用户提供一个逼真的虚拟世界。因此，以网络为载体的 5G+培训指导以融合AR、AI、图像处理等技术的方式，在对人员的培训和考核方面做到了高效、低成本。

AR 眼镜、手机等具备采集功能的终端设备可以在定制化的程序中利用 5G高速网络实时传输图像、声音等信息至云端培训平台，平台通过定制化的智能分析系统分析处理数据并下发信息，再现考试情景和培训等，最后在复杂装配培训阶段为员工提供有效记录，在追溯人员培训及考核阶段对产生的问题进行纠查。

将 5G 和 AR 技术与爆炸图、三维建模、拆装动画相结合，能够辅助用户开展远程可视化培训，利用即时通信、超清 5G、AR 实时标注及智能交互等手段在云端与现场之间实时传输数据，远程协助技术人员及时接入，使产品的维修效率、装配效率、装配质量和维修质量都得到有效提高。

在 VR 技术的基础上实现设备的虚拟开机流程培训，能使设备实际开机的成本大幅缩减。借助三维虚拟技术呈现工业企业的内部结构及工业流水线，有助于了解工业工厂的环境、构成及操作工序。根据相应环境模拟动火作业、轧机作业、高空作业、机器人维修等操作的安全防护动作，培训人员能够切身体验厂区环境、作业流程、工种协同操作，知晓安全防护要点及要求。

此外，5G 还可以在教室中再现工厂和生产线，利用移动教室对工人进行培训和指导，做到真正的立体化教学。

第二部分

工业人工智能

第 5 章　降本增效：AI 重塑传统制造产业链

 设计端：实现高效仿真研发

集成 AI 模块能够使仿真设计系统缩短研发周期。针对相关物理对象，未来工厂将会为之创建数字化虚拟模型，通过虚拟模型进行现实模拟。整合数字孪生系统并应用于制造流程，实现产品从设计到生产制造的全过程数字化，切实提高生产效率和产品质量，保证产品全过程的安全可靠。数字孪生技术的应用和实践能够很好地解决产品设计过程中成本高、不确定性强的问题，其设计仿真能够避免重复的物理原型测试，以此来改进质量，降低产品的开发成本，缩短产品的开发时间。

数字孪生技术与 AI 技术的结合将进一步使设计研发的效率得到提升。

① 与物理对象对应的数字孪生模型在运转过程中，能够产生大量的数据信息，这些数据信息能够为 AI 的决策提供支持。

② AI 模型的决策能够被数字孪生模型反复验证，在模拟仿真中为 AI 决策提供极大的容错率和试错机会，使其可靠性进一步提升。

③ 当前仿真系统对仿真优化算法和仿真建模工具的要求较高，导致大量参数的优化难以通过非专业人士实现。AI 技术的利用能够很好地解决这一问题。

AI 模块的集成，能够大幅提高模拟仿真分析的效率，让研究人员可以在研发的过程中高效、低成本地进行相关模拟验证，或者通过数字化自动研发来缩短研发周期。

【案例1】波音公司：数字化研发减少原型机损耗

波音公司在研制数字样机的过程中，对空气流速进行仿真设计，模拟其在现实中对飞机发动机和机翼产生的影响来开展起飞条件测试。这一仿真模拟在缩短客机研制周期的同时，避免了显示测试中物理原型机的大量损耗，将开发成本减少了一半。另外，仿真模拟代替了高能耗实验场景，减少了研发测试过程中的高能耗实验，促进了节能减排。

【案例2】劳斯莱斯：研发流程+研发成果双重降耗

劳斯莱斯通过使用数字孪生风扇叶片，模拟其真实物理对象在不同场景中的性能，对超级喷气发动机的相关功能进行考证，不断提高其质量和安全性，避免重复开发多个原型。俄罗斯礼炮制造中心和英国安本集团曾指出，数字孪生技术在航空发电机研发过程中的应用，能够将航空发电机的研发周期缩短 15% ~ 20%，节约 27% 的研发成本。劳斯莱斯依靠数字孪生技术研制的超级喷气发动机不仅实现了成本方面的控制，还将发动机的燃油消耗效率提高了 25%，这意味着该发动机的成功研制将切实助力节能减排。

【案例3】蔚来汽车：全球研发平台提升跨地区协作效率

蔚来汽车采用的全球研发平台是达索系统 3DEXPERIENCE。工程师通过研发平台随时对相关车辆的数据进行访问，为中国工程师与德、美两国的工程师之间提供协作开发、协同设计服务。此外，产品的设计迭代只需要通过研发人员的仿真协作便能高效进行。数字化全球研发平台的使用大大简化了产品的开发流程，提高了研发效率，缩短了研发周期。蔚来汽车仅用 3 年便实现了 ES8 电动七座 SUV 从概念设计到正式发布上市，与传统厂商 4 ~ 5 年的周期相比优势明显。全球研发平台的嵌入使生产过程中跨地域协作的生产成本大大降低，实现了新能源工业品的高质量、快速更迭，减少了工业品前期制造过程中的碳排放。

 ## 生产端："机器人"时代来临

上下料机器人：精准物料产品传输

上下料机器人，即能够代替工人在相关工序之间进行自动上下料的机器人。上下料机器人的投入和使用，能够满足工厂和企业快节奏、低成本、高质量的要求。

机器视觉的应用能够实现上下料机器人在生产运输环节的闭环式控制，能够对物料的位置信息、所处环境进行实时监控，并根据相应的监督控制系统进行反馈，系统识别并分析具体情况进行上下料调整，以确保物料传递和运输过程的准确性与可靠性。机器视觉协助物料在设备间进行精准的定位交换，视觉辅助设备在加工过程中实时监测加工位置和加工件的尺寸，并将数据反馈至设备控制系统，提高产品的精确度。

协作式机器人：柔性高效人机协作

协作式机器人旨在实现同一空间内人类与机器人的直接近距离协同工作。工业机器人往往只是自动作业，或在有限的引导下作业，而协作式机器人则需要与人类协同工作、近距离互动，并了解周围环境，保护人类安全。

制造业的生产模式正在快速发生转变，从前的少品种、大批量被多品种、小批量替代。大部分制造业企业面临的挑战复杂多样，例如，成本的控制、产品多样化及灵活多变的产量需求等。传统的工业机器人与工作人员相互隔离，在工作流程中与工人缺少近距离的协同合作，这在很大程度上限制了工作流程和生产模式的灵活性。为了更好地解决这方面的问题，制造业企业亟须调整解决方案，使工业机器人更加柔性、高效。智能化协作能够很好地解决这一问题，它极大地满足了制造业对灵活性和自动化程度的要求。

协作式机器人的关键技术是能够通过人类的动作和行为进行分析，感应人类需求、深入理解人类意向。协作式机器人基于传感器对人类的运动趋势、动作和位置信息进行感应和判断，伺服电机能够让协作式机器人在运动轨迹中保持安全停顿，在灵活操作、协助合作的同时保证人类的安全。此外，协作式机器人也可以通过声学传感器和 AI 系统的协助实现语音控制等高级功能。

协作式机器人智能化进程的推进能够降低成本，主要体现在周边设备投资与产线空间方面。协作式机器人的投入和应用实现了高效灵活的人机协作，实现工厂设备及厂房的低能耗运维。工业建筑建造过程中的工厂厂房空间利用率在智能化的基础上大大提升，直接降低了建造过程中照明、取暖、空调和建筑电气等设备的能源消耗，减少由此产生的碳排放。

仓储机器人：柔性物料产品传输

传统生产线的布线和生产流程灵活性较差，再布线的成本较高，无法满足灵活多变的市场需求。AGV 能够克服相关场景的缺陷，让生产过程中的物料、半成品和产品实现跨流程、跨产线、跨区域、跨部门运输，满足生产流程柔性化的需求。AGV 利用机器视觉对相关行进路线、物料位置、周围环境等信息进行分析，全方位了解具体的生产过程。

与其他传统意义上常用的物料运输设备相比，AGV 的工作效率更高、行动更敏捷、安全性和可靠性也更高。它适应性强，不受空间的限制，不需要提前进行固定轨道的设计与铺设。因此，AGV 能够满足时代对智能化仓库自动化、灵活性提出的新要求，将既经济又高效的无人化生产变为现实。

企业通过仓储机器人的配备与应用，能够建立自动化仓库或者无人仓。无人仓指那些不需要工作人员现场监控也能够自主实施货物出入库存取等复杂操作的仓库。货架、巷道式堆垛起重机、入（出）库工作台、自动运进（出）及操作控制系统共同组成了仓库。目前，自动化仓库是自动化应用程序较多的应用之一，以电商企业为主导，工业企业紧随其后，进行相关场景的开发和应用。

 运维端：制造设备预测性维护

如何使企业资产在有限的生命周期内发挥极限的价值，是资产密集型企业应该考虑和重视的问题。与企业资产或生产设备出现问题后停产维修相比，进行预测性的诊断和维护更有利于企业的持续稳定，更有利于生产力的提高，可避免在宕机时间段内让企业产生更大的损失。

预测性维护需要掌握相关设备、物料及环境等方面的信息，整理分析后进行设备剩余使用时间、物料良品率等数据的诊断和预测。预测性维护系统能够根据实时信息预测相关故障和维修需求，在设备损坏前进行提示或启动预防措施。服务部门和维修部门根据提示快速投入维护工作，更换已经明确的特定零件，以较低的利益损失维持企业的持续性运营。

以半导体生产为例，一般情况下生产设备要使用大量的零部件，而生产厂商所预备和存储的零部件一般是有限的，无法应对紧急状态下的设备维修，如果因为零部件的磨损，导致公司不得不停产等待相关零部件货源，那么等待货源的这段时间给生产公司带来的损失将无法估量。倘若我们能够通过预测性维护系统实时监控设备状态、预测相关零部件的更换时间并进行预防性维护，便能够避免宕机情况的发生。

为了确保预测性维护的实现，安装传感器十分重要，将具体设备和物料信息进行联网，便于监测管理。以检测汇集到的信息为基础，进行大数据分析，总结设备与物料信息异常时的预测模型。

不断完善工业大数据，不断提升数据分析能力，以设备机理模型和产品数据挖掘为基础，特别是通过相关神经网络和机器学习算法建立的分析模型开展一系列有规则制约的故障预测、工艺参数优化、设备状态趋势预测单点应用。

全球制造业技术研究机构 AR 咨询集团的调查数据显示，只有约 18% 的故障能够通过传统的设备运维方法进行预防，还有约82%的故障都是偶然发生的，很难被预知。人工智能技术与巡检机器人的结合，能够在减少维护成本的基础上提前发现故障，提高生产效率，降低不必要的生产能耗。

【案例1】精英数智+华为云："煤矿大脑"预警生产风险

精英数智科技股份有限公司联合华为推出"煤矿大脑"，其搭配人工智能、物联网、大数据和云计算技术，进行预警及应急响应，为煤炭行业提供相关的解决方案。煤矿管理人员借助人工智能视频识别技术检查运输皮带的相关状况，例如运输皮带是否启停、撕裂、跑偏、断带和是否有异物等，以便控制和把握运输皮带的损耗情况，防止发生空转，进而提升煤炭行业的整体效率，不断提高其稳定性和安全性。

【案例2】BCG：AI控制系统预测异常碳排放

欧洲某石油和天然气公司在BCG的协助下对整个控制系统进行重点设置，利用机器学习模型，对未来3～5小时内所有生产单位的能源消耗和碳排放进行预测，提前针对异常单位进行隔离、分析、处理和修复，预测设备故障和异常排放的准确率超过80%。得益于新的控制系统，该公司降低了1%～1.5%的碳排放量，相当于每年减少了3500～5500吨温室气体的排放。

检测端：基于机器视觉的智能检测

传统的检测环节效率较低，识别的准确性也相对较低，一般情况下由人工来完成。在碎片化工业生产中，传统的机器视觉方案有诸多不便，定制化成本高、周期长、参数标定复杂等问题亟待解决。人工智能利用图像处理技术进行识别，通过训练模型进行质量检测，不仅减少了人工成本，还提高了精确度，提高了制造业在相关领域的竞争力。

AI+机器视觉在检测环节的运用具有良好的延展性和统一的标准，在降本增效的同时，还实现了普通用户对 AI 工业质检平台的个性化设定与操作，提高了普通用户的体验感和使用的便捷性。

① 良好的延展性和统一的标准：人工智能的具体实践可以通过机器学习来完成，训练完成后的机器学习模型可以快速在工厂设备中进行部署和使用，在保证实时检测的同时还实现了工厂检测精度的标准统一。

② 降本增效：随着收集和掌握的数据越来越多，机器人模型逐渐迭代更新，相应的速度和精度越来越高，凸显出精密工业品检测识别的优势。随着时代的变化和人们生活水平的提高，愿意从事重复性强、枯燥无味、工资低的质检工作的人越来越少。AI 质检的落地有利于相关制造业企业的降本增效。

③ 高定制化，易上手：AI 工业质检平台是当前人工智能在检测端的重要实践。该质检平台主要面向工业视觉检测，是一个将模型训练与预测集中融合的智能化平台，是 AI 针对质检进行产业化落地的结果。传统制造业 AI 类人才匮乏，AI 工业质检平台的推出有利于解决这一问题。工作人员不需要编程基础便可进行实际操作，还能根据实际需求进行相应质检模块的选择和更新，保证时效性和灵活性。

自动光学检测：自动产品质量检测

与人工检测相比，自动光学检测（Automatic Optical Inspection，AOI）无论是在检测效率上还是在可靠性上都更具有优势。AOI 能够始终保持实时的工作状态，提高产线的稳定性和可控性。

对于那些容易被人误判或漏判的较小的元器件，AOI 可以提供更高的精确性，进行全面可追溯的信息获取，及时发现问题并做出调整。随着图像识别技术和图像采集技术的发展，AOI 的性能也会更加强大，AOI 的落地实践，能够在提升速度、减少人力成本的同时，通过提高良品率减少物料成本。

智能巡检机器人：高效率、高频次、高准确率

在以往的巡检过程中，巡检人员需要对各类机房进行巡检，工作量大、事

情烦琐，面对突发状况时人员无法及时响应。相比之下，灵敏性更高、感知能力更强的智能巡检机器人，能够从提前部署的相关传感器中采集温度、图像和声音，再通过 AI 算法实现数据的分析并做出决策。

智能巡检机器人能够全天候地进行不间断巡检，根据现场情况实时做出反应，在高精度定位导航技术的基础上，完成室内狭窄环境的自主导航。正是因为智能巡检机器人综合了以上所有的优势，它才能够实时对多个项目进行检测，其中包括设备、温度、消防通道和蜂鸣的检测等，在高频次、大范围、无死角智能巡检的同时提升巡检的准确率和效率。

第6章 基于工业人工智能的流程型智能制造模式

 ## 工业人工智能的6项关键技术

智能制造在工业人工智能中扮演着非常重要的角色，是工业人工智能的主要应用场景之一。其广泛参与产品设计、制造、服务等生产周期和环节，是人工智能技术与先进制造技术深度融合的结果，在减少资源能耗、提升企业的产品质量和效益、提升服务水平方面起着重要的推动作用。机床用于制造机器，被称为制造业的"工业母机"，能有效推动工业的生产与制造。

首先，完整的工业过程主要包含设备类、产品类、其他类等方面的生产、决策和服务，是一个复杂而系统的工程体系。设备方面涉及车间、工厂、制造设备、传感器、产线等；产品方面涉及设计、生产、工艺、装配、仓储物流、销售等；其他方面涉及与工业相关的市场、售后、运维、能耗、排放、环境等。

其次，依据数据的人工智能借助相关算法，实现规划决策、计算机视觉、语音工程和自然语言处理等方面的研究。基于人工智能、大数据，借助相关工业知识经验，工业人工智能能够感知、比较、适应、预测和优化自身，推动工业生产更加高效、安全、低耗和优质地运行。

为实现上述目标，工业人工智能需要大力发展以下 6 项关键技术。

建模

建模就是建立模型的过程。模型主要涉及工业机理和工业知识两个方面的内容，主要展示工艺参数和产品质量间的映射关系、设备或部件的退化机理、产线运行状况、部件工序之间的耦合关系等，可以有效推动制造业的正常生产运行。同时，在提升制造业核心工艺、增强企业生产力与竞争力方面，建模也占据重要地位。

诊断

安全是工厂正常运行的必备因素，在工业生产的过程中，设备异常会导致各种问题，例如产品质量降低、工作人员存在生命安全隐患、影响销售质量等。鉴于此，工厂需要定期诊断设备的运行状态，借助传感器对关键设备、生产线运行及产品质量检测获得的图像、视频、数据进行收集，通过大数据分析、机器学习、深度学习实现分类、聚类，以智能化、自动化方式在线检测、诊断设备的运行状态。

预测

预测是一种人类认识活动，在工业生产中占据重要地位。随着人工智能、大数据、云服务技术的深入发展，预测的效率得到大幅提高。在数据驱动的作用下，预测技术在预测性维护、需求预测、质量预测等方面获得了广泛的应用。预测技术的三大应用见表6-1。

表6-1 预测技术的三大应用

三大应用	具体内容
预测性维护	基于工业设备运行数据和退化机理经验知识，高效预测设备的剩余有效使用时间，从而制定专门的维修策略，实现高效的预测性维护，达到降本增效的目的

（续表）

三大应用	具体内容
需求预测	实现制造商对历史订单数据、流程及生产线的运行状况的需求预测，可以有效指导生产链工作，预先进行风险管理，减少生产浪费
质量预测	依据生产数据和生产线状态对产品质量进行高效预测分析，优化生产流程产出状态。在这个过程中，数字孪生技术起着重要的推动作用

优化

优化包括设备级优化和系统级优化，它们都可以有效地提高设备使用率和工业生产效率。优化在工业生产中应用广泛，但其主要应用于工业设备中。机床等工业设备的参数是影响产品质量的一个重要因素，其中的关键工艺参数对加工精度要求极高，一般采用监督式特征筛选和非监督式特征筛选两种方式收集。监督式特征筛选包括 Fisher Score、LASSO 等，非监督式特征筛选包括主成分分析、自编码器、Laplacian score 等，借助智能优化算法为工业生产提质增效。

复杂工业生产是指由若干个复杂的工业步骤组成的生产。具体来说，是由若干个工业设备组成生产工序，再由多个生产工序构成生产线，以监测设备和生产线运行的数据为驱动，通过智能优化算法分析，与各生产工序同步进行，形成产品质量、产量、消耗、成本等综合生产指标，实现生产全流程的整体优化运行。

决策

决策主要分为工业过程智能优化决策和工业设备维护决策，是工业生产闭环中的重要组成部分。其中，工业过程智能优化决策主要由生产指标优化决策系统、生产全流程智能协同优化控制系统和智能自主运行优化控制系统组成，能够实时把控生产条件和运行状态，感知市场信息和运行状况，在实现企业目标、运行指标、计划调度、生产指令与控制指令整体化运行方面起着科学判断、优化决策的关键作用。

工业设备维护决策主要包括预测性维护、预防性维护和修复性维护等决策，其中预测性维护被广泛应用于工业物联网领域，在降低维护成本、减少设备故障率、提高产出率方面具有很大的优势。

人工智能芯片

大数据的深度融合、算法的不断优化和算力的深入应用推动了人工智能的快速发展。人工智能芯片也叫作计算卡，为人工智能的应用提供算力支持。人工智能功能的实现离不开训练和推断的支撑，首先，云端训练芯片训练数据后获得核心模型，其次，云端推断芯片通过推理判断新数据得出结论，最后终端计算芯片进行简单的、实时性能强的边缘计算。一般而言，云侧基于中央处理器（Central Processing Unit，CPU）、GPU、现场可编程门阵列（Field Programmable Gate Array，FPGA）等，通过训练获得模型，而端侧不需要承担大量的运算，主要执行推理任务。

 # 工业人工智能应用的四大典型场景

随着人工智能技术与应用的不断成熟，其对工业转型发展的促进作用越来越显著。在此情况下，越来越多的工业企业开始引入工业人工智能，并形成了四大典型应用场景，即生产过程监控与产品质量检测、能源管理与能效优化、供应链与智能物流、设备预测性维护，具体分析如下。

生产过程监控与产品质量检测

产品质量对企业竞争力有着直接的影响。如果一家企业的次品率过高，产品质量较差，无论其服务能力、技术能力等其他能力有多强，都很难在市场竞争中占据有利地位。尤其是高精尖企业，对产品的次品率控制要求更高。

为了控制产品的次品率，生产企业尝试在长链条的加工产线中引入工业人工智能技术，在长链条工艺参数与加工精度之间建立映射关系，对工艺参数进行动态监测，发现参数异常后及时溯源，检查生产设备或对工艺参数进行调整，始终将加工精度控制在较高的水平。

此外，生产企业还可以利用红外、超声等技术对加工后的产品进行检测，形成产品的二维图像或者三维图像，判断产品的尺寸是否符合要求，表面是否存在缺陷，并利用机器视觉技术对产品进行批量检测，切实提高产品检测效率，降低产品检测的人力成本。

能源管理与能效优化

能源成本在工业企业的总成本中占比较大，做好能源管理与能效优化对企业成本控制来说意义重大。近年来，一些电网企业与工业企业尝试利用人工智能优化算法对能源进行优化管理，并取得了不错的效果。基于工业人工智能的能源管理与能效优化见表6-2。

表6-2　基于工业人工智能的能源管理与能效优化

具体应用	主要内容
变电方面	人工智能的应用可以减少变电站的数量，减少变电站对土地资源的占用，提高变电效率及变电过程的安全性
用能方面	人工智能的应用可以优化数据中心总设备能耗，对能量进行智能调度与管理，提高能源管理的智能化水平
能耗预测方面	企业可以利用人工智能设计中央空调能源管理智能优化系统，对系统参数进行非线性动态预测，对系统在下一个时段的冷负荷工况、系统能耗与能效优化控制参量进行预测，并据此对系统载冷剂进行调节，借此实现对系统能耗的实时管理

供应链与智能物流

快速发展的物流行业成为工业人工智能应用的一个重要场景。近年来，顺丰、中通、申通等快递企业纷纷引入人工智能技术，基于仓库位置、车辆位置、运输工具、运输成本等信息制定车辆调度策略，极大地提高了运输效率，降低了运输成本。引入人工智能技术后，供应链与物流将实现智能化升级。基于人工智能的智慧物流与供应链见表 6-3。

表6-3　基于人工智能的智慧物流与供应链

具体应用	主要内容
实时决策	在人工智能优化算法的支持下，面对规模大、复杂程度高的运输任务，供应链管理人员可以对运输车辆、运输时间、运输路线等要素进行自动分析，做出最优决策，还可以根据车辆在行驶过程中遇到的情况对运输路线进行实时调整，保证货物按时送达
流程优化	物流企业可以利用人工智能算法对物流运作流程进行重构，通过对物流数据与车辆信息的快速计算，围绕货物装卸、车辆检修等事项进行决策，打造一个自动化的物流运作流程，切实提高物流作业效率
自动分类	物流企业可以利用智能机器人与摄像头对货物进行分类，拍摄货物照片，对货物进行损坏检测

设备预测性维护

工业设备有生命周期，使用时间越长，设备性能与设备的健康状态越差。尤其是大型设备，设备组件越多，运行环境越复杂，设备退化的概率就越大。如果设备维护人员不能及时发现设备退化，并积极干预，轻则发生故障，重则可能造成人员伤亡，让企业遭受巨大的财产损失。

为了做好设备的预测性维护，一些企业尝试引入人工智能技术，对设备运行过程中产生的数据进行收集与监测，基于设备的退化机理模型及时发现设备的异常情况，并对设备的剩余使用寿命进行预测，据此设计最佳的维修方案，保证设备运行安全。

在设备预测性维护使用的众多技术中，基于寿命预测和维修决策的预测性维护技术是一项关键技术。该技术不仅可以提高设备使用的安全性与可靠性，还可以降低设备维护成本，减少设备的停机时间。基于这些优势，该技术在航空航天、电力设备、武器装备、石油化工、船舶、高铁、数控机床等领域实现了广泛应用。

 # 人工智能赋能工业互联网平台

人工智能在工业互联网领域的应用覆盖了设备层、边缘层、平台层和应用层，进一步丰富了工业互联网平台的数据类型，扩大了数据规模，对算法与算力的提升产生了积极的推动作用，成为工业企业改变传统生产模式、向智能化生产转型升级的重要支撑。

设备层

人工智能在设备层的应用有利于构建新型人机关系。以工业互联网平台为依托，工业企业可以利用人工智能技术对产品研发、生产、控制等环节进行改造，构建新的人、机、物关系，实现人机协同。人工智能在工业互联网设备层的应用见表 6-4。

表6-4　人工智能在工业互联网设备层的应用

具体应用	主要内容
设备实现自主运行	机械臂、运输载具和智能机床可以借助机器学习算法与路径自动规划等功能，自动适应不同的加工对象与加工环境，应对复杂的操作流程，满足产品生产对设备操作精准度的要求
人机智能化交互	借助语音识别、机器视觉等技术，工业企业可以打造更加人性化的人机交互模式，切实提高人机交互效率，提高设备在复杂环境中的感知能力与反馈能力
生产协同化运作	工业企业可以借助人工智能将人机合作场景转变为学习系统，对设备运行参数进行动态优化，为产品生产创造一个适宜的环境。例如，德国 Festo 公司引入仿生协作型机器人，开发智能化工位，让机器人代替人从事简单但需要不断重复操作的工作和危险性较高的工作，实现了人机协同，提高了生产效率

边缘层

人工智能在边缘层的应用可以协同终端设备与边缘服务器，整合本地计算与云计算的优势，提高边缘侧的实时分析与处理能力，减少不必要的数据传输，缩短模型推理时延。人工智能在工业互联网边缘层的应用见表 6-5。

表6-5　人工智能在工业互联网边缘层的应用

具体应用	主要内容
智能传感网络	企业可以建设智能网关，促使 OT 与 IT 之间实现复杂的协议转换，提高数据采集与数据连接的效率，更好地应对带宽资源不足及突发网络中断等问题

（续表）

具体应用	主要内容
噪声数据处理	企业可以利用传感器采集各种各样的数据，利用人工智能对数据进行识别、分类，保留有价值的数据，剔除无价值的数据，以可视化的方式展示物理世界的隐性数据
边缘即时反馈	企业利用分布式边缘计算节点进行数据交换，对云端模型与现场提取的数据特征进行对比，借助边缘设备实现对本地的快速响应，促使云端与边缘侧相互协同，从而缓解云端的计算压力，提高数据传输速率

平台层

人工智能在平台层的应用可以利用大数据分析技术构建"数据＋认知"算法库。工业互联网平台可以利用平台即服务（Platform as a Service，PaaS）架构，打造一个功能丰富的数据服务链，为企业提供数据存储、数据分析、数据共享、工业模型等服务，并创建一个可以重复使用的人工智能算法库，以存储基于数据科学和认知科学的工业知识与经验。人工智能在工业互联网平台层的应用见表6-6。

表6-6　人工智能在工业互联网平台层的应用

具体应用	主要内容
数据科学领域	企业可以利用机器学习、深度学习等技术构建数据算法体系，利用大数据分析、智能控制等算法解决各类问题。例如，美国康耐视公司利用深度学习技术创建工业图像分析软件，将缺陷识别的准确度提高至毫秒，解决复杂的产品缺陷检测与定位等问题，从而有效提升检测效率
认知科学领域	企业可以基于业务逻辑，搭建认知算法体系，为智能决策、风险管理等没有明确机理的工业问题提供有效的解决方案。例如，华为、西门子等企业通过构建供应链知识图谱，对交通、物流、气象等信息进行整合，利用大数据、云计算等技术对这些信息进行处理，使供应链风险管理效率得以大幅提升

应用层

人工智能在应用层的应用可以提高工业 App 的数据挖掘深度。企业可以利用工业互联网平台提供的开发工具，面向不同的工业应用场景开发特定的工业App，利用人工智能技术与应用改造生产过程，为用户提供定制的智能化工业应用与解决方案。人工智能在工业互联网应用层的应用见表 6-7。

表6-7 人工智能在工业互联网应用层的应用

具体应用	主要内容
优化生产工艺	企业可以利用深度学习技术对数据之间隐藏的抽象关系进行挖掘，并建立模型，对生产参数进行优化，生成最佳组合。例如，TCL 格创东智围绕液晶面板的成膜程序，利用机器学习算法对关键指标进行预测，优化产品质量，并取得了显著的经济效益
提供研发设计支持	企业可以利用知识图谱、深度学习等技术对产品设计方案进行整合，创建相关的数据库，对产品设计人员提交的设计方案进行实时评估与反馈，保证设计方案的科学性
为企业战略决策提供科学依据	企业可以利用人工智能对工业场景中的非线性复杂关系进行拟合，将其中的非结构化数据提取出来，创建知识图谱与专家系统，为企业战略决策提供有力支持

 ## 基于边缘人工智能的工业应用场景

要想了解边缘人工智能，首先要了解边缘计算。边缘计算是一种分散式运算架构，将程序运行与数据计算从网络中心节点转移至边缘节点，将大型服务分解为更小、更容易处置的部分，在边缘节点进行处理。具体来讲，边缘计算就是在靠近物与数据源头的位置放置服务器与处理器，就近处理数据，降低系统的处理负载，解决数据传输的时延问题。随着边缘计算的不断发展，边缘人工智能将变得愈发重要。

什么是边缘人工智能

边缘人工智能是指在硬件设备上对数据进行本地处理的人工智能算法，整个数据处理过程可以在不联网的情况下进行，无须利用网络传输数据，也无须将数据上传至云端进行处理。在越来越多的数据无法通过云端得到处理的情况下，边缘人工智能的这一功能显得非常重要。例如，自动驾驶汽车在行驶过程中，需要实时处理收集到的数据。如果将数据上传至云端进行处理，再将处理结果反馈到自动驾驶的控制中心，整个过程耗时太长，无法满足自动驾驶的需求，而边缘人工智能可以很好地解决这一问题。

边缘计算支持在本地收集与处理数据，跳过了将数据上传至云端进行处理，再将数据处理结果下传的过程，可以满足工厂智能设备、自动驾驶汽车等设备的运行需求。在边缘计算功能的支持下，设备或计算机可以实时处理数据，并以最小的时延做出智能决策，这种便利性极大地拓展了边缘计算的应用空间。

边缘人工智能在工业领域的应用价值

边缘人工智能在工业领域的应用优势见表 6-8。

表6-8　边缘人工智能在工业领域的应用优势

应用优势	具体内容
超低时延处理	边缘计算支持数据在本地处理，无须将数据上传至云端，可以节约宝贵的数据传输时间，最大限度地降低数据传输时延
增强安全性	边缘计算可以将数据保存在本地，相较于将数据发送至云端来说，这种方式更容易保证数据安全，防止数据泄露
节省带宽	边缘计算可以在本地处理大量数据，将少量无法在本地处理的数据及经过处理的有价值的数据上传至云端进行处理或保存，极大地减小了数据传输规模，可以释放大量带宽，降低数据处理成本
利用 OT 领域知识	边缘计算可以授权 OT 领域的专家利用他们所掌握的知识对数据进行处理，支持他们创建一个具有高度适应性、更加注重结果的解决方案
强大的基础设施	边缘计算可以在现场处理数据，即便发生网络中断，也不会影响数据处理的过程和结果

边缘人工智能在工业领域的应用场景

随着边缘计算的快速发展，越来越多的制造商开始利用边缘人工智能改造生产流程，提高生产效率。具体来看，边缘人工智能在工业领域主要有以下五大应用场景。

（1）质量控制

在整个生产过程中，缺陷检测是一个非常重要的环节，只有做好缺陷检测，才能切实控制产品质量。传统的人工缺陷检测不但检测效率低、次品检出率低，而且成本较高。在生产线上安装边缘计算设备进行缺陷检测，可以准确地发现存在缺陷的产品，并在几微秒的时间内做出处置决策，切实提高缺陷检测效率，降低检测成本。

（2）装备效能评估

设备在运行过程中会产生大量的数据，这些数据会被传感器捕捉并传送到边缘侧。边缘计算通过对这些数据进行处理与分析，可以对设备的整体效能做出准确评估，为优化设备、改进生产工艺提供科学依据。

（3）产量优化

对食品的加工生产来说，每种成分数量准确、质量可靠是保证产品质量的关键。在边缘计算、人工智能及传感器数据的共同作用下，设备生产参数可以实时校准，传感器可以实时做出决策。

（4）车间优化

生产企业想要提高生产效率，必须了解整个车间的布局，不断改进生产流程。如果一个产品需要经过多条生产线，而这些生产线之间的距离较远，需要人工转运，那么生产效率就很难提高。边缘计算结合传感器数据可以对生产车间进行分析，为优化调整各个生产线提供科学依据。

（5）保障工人安全

在生产车间使用配备了具有人工智能视频分析功能的摄像头与传感器，可以快速识别处于危险状态的工人，并及时采取干预措施，防止事故发生。一旦发生事故，传感器会立即发出警报，指导现场人员快速救援，切实保障工人的安全。

第 7 章　工业大数据：驱动制造业数智化变革

 数据智能：大数据与智能制造

在进行智能化工业生产的过程中，必然会产生产品的销售、工艺技术、研发过程、设计方案及客户需求等包含大量重要工业信息的工业数据，这些数据具有数量庞大、种类繁多、有用数据比重较低等特点，在传统的数据分析技术难以满足当前数据分析需求的情况下，要借助新兴的大数据技术对海量的数据进行高效率、高质量的分析处理。

工厂以前的设备在运行的过程中，通常会出现设备损耗的问题，使用有损耗的设备，会影响产品的质量。现在这些问题都可以借助科技的力量来解决，工作人员只需要将传感器安装到设备上，让传感器实时传输设备信息，在第一时间发现并解决设备的问题，就可以有效规避设备故障造成的生产问题。由此可见，工业大数据决定智能化设备的智能高度。

工业大数据的定义与来源

工业大数据是指工业产品从设计、制造到销售、运维、回收再制造等全生命周期各个环节产生的数据的总称，涵盖了与工业大数据有关的技术与应用。

工业大数据以数据为核心，极大地拓展了传统工业数据的范围，其来源主要包括以下 3 种。

（1）生产经营相关业务数据

生产经营相关业务数据主要来自传统工业设计和制造类软件、企业资源计划（Enterprise Resource Planning，ERP）、产品生命周期管理（Product Lifecycle Management，PLM）、供应链管理（Supply Chain Management，SCM）、客户关系管理（Customer Relationship Management，CRM）和环境管理体系（Environmental Management System，EMS）等。这些环节积累了大量的数据，数据类型多样，包括产品研发数据、生产数据、企业经营数据、客户信息数据、物流供应数据、环境数据等。对工业企业来说，这些数据是比较传统的数据资产。随着移动互联网等新技术在工业领域的深入应用，数据的范围将不断扩大。

（2）设备物联数据

设备物联数据是指设备与产品在物联网模式下，在运行和生产过程中产生的操作数据、运行数据、工况状态数据、环境参数数据等。这些数据构成了工业大数据新的来源，也是狭义上的工业大数据。狭义的工业大数据是指工业设备和产品快速产生且存在时间序列差异的大量数据。

（3）外部数据

外部数据是指来自外部的与企业产品和生产活动相关的数据，例如，可以用来预测产品销量的宏观经济数据，可以用来评价企业环境绩效的法律法规等。

工业大数据的主要功能是对工业大数据蕴含的价值进行挖掘，这个过程涵盖了数据采集、数据规划、数据存储、数据预处理、数据分析、可视化处理及智能控制。工业大数据应用面向特定的工业大数据集，对工业大数据处理技术与方法进行集成应用，从数据中提取有价值的信息。从本质上看，工业大数据技术的研发与突破就是对复杂的数据集进行处理，从中获取有价值的信息，为企业的产品创新提供强有力的支持，切实提高企业的经营水平与运作效率，不断拓展新的商业模式。

大数据赋能智能制造

大数据广泛存在于智能制造的定制化应用中，大规模定制中的应用包括生产过程中的智能化改造、数据采集、订单管理、数据管理及按照实际需求定制平台等。

要实现大数据应用，定制数据必须要达到一定的数量级。通过挖掘大数据的方式实现营销推送、社交应用、精准匹配、流行预测、时尚管理等更多的应用。与此同时，大数据还可以增强制造业企业营销的针对性，通过降低物流和库存成本，在一定程度上规避部分生产资源投入的风险。

借助大数据进行分析能够大幅提升仓储、配送、销售的效率，并大大缩减成本，同时也可以减少大量的库存，优化供应链。不仅如此，制造业企业通过合理运用供应商数据库的数据、销售数据及产品的传感器数据等，还能对世界范围内不同市场区域的商品需求进行准确预测。由于制造业企业能够跟踪库存和销售价格，成本也得以大幅下降。

 # 大数据 + 智能制造的应用场景

随着大数据技术的不断发展，目前，大数据已经在工业生产与运营的各个环节实现了广泛应用，包括设计、研发、制造、销售与服务等，为工业企业与工业互联网的融合创新提供了强有力的支持。在此形势下，传统企业要全面把握大数据的发展方向，对大数据的价值进行深入挖掘，改善生产工艺，切实提升企业的管理水平。具体来说，"大数据 + 智能制造"的应用场景主要体现在以下 4 个方面。

科学管控生产过程

能够同时实现企业生产和管理流程的智能优化是大数据应用的最大特点。相关企业若要控制生产过程，则必须收集产量、产能、热能、温度、压力、人员、材料、损耗、噪声等一系列数据，并借助大数据技术对比分析这些数据与预期的要求是否相符，进而持续更新，完善生产过程中的生产工艺，企业也可以通过这种方式在有效提升生产效率和产品品质的同时降低生产成本。这意味着提高生产管理的实时性和透明性能够帮助企业真正对产品的生产过程实施科学管控。

实现产品个性化创新

用户的多样性决定了客户需求的多样性，因此，企业需要借助运用了大数据技术及传感器的智能产品，充分发挥它们的功能，以满足用户的个性化需求。企业可以结合相关技术，动态实时采集并存储用户的偏好和使用习惯等数据，让用户在不填写烦琐的调查问卷的情况下，参与企业对产品的改进和创新活动。

企业能够利用分析采集到的数据获取有用的信息，能够以关于性能的参考信息为基础找出产品功能改进的方向和方法。这种应用大数据技术的方式，可以更好地满足用户多样的需求，不仅如此，企业还可以对此进行规模化定制，通过创建新型商业模式的方式更好地促进生产企业的发展与创新。

增加企业运用精准度

为充分研究营销体系，传统企业通常借助调研、问卷和简单的统计等方法达到研究用户需求的目的，虽然这些方式有一定的成效，但通过这些传统方式得出的结论与大数据在智能制造方面的应用相比，准确度仍是比较低的。

与传统企业用较为烦琐的方式进行调研相比，大数据能够黏合用户与企业，用户无须参与烦琐的调研，便能快速便捷地参与企业的产品开发、宣传等相关活动。与此同时，企业也能够准确掌握用户的个性化需求，大幅提升用户对企业的好感度，企业与用户都能从中获益。

不仅如此，在产品的服务方式上，传统远程人工在线的应答模式也已被基于大数据为智能制造提供相应服务的方式取代，为用户提供更具针对性的个性化需求服务。

实时监控，避免风险

智能制造企业遇到的不确定因素的数量远远高于传统企业。企业若要实现提高利润、良性发展的目标，既要借助技术的创新最大限度地降低产品的不良率，也要大力提高产品的可靠性、安全性及生产效率。企业在生产过程中可以借助大数据技术，实时反馈设备的使用情况及生产过程中的设备损耗等各类不确定因素。

 # 工业大数据面临的问题与对策

智能制造的实现离不开工业大数据的支持，虽然近几年我国的工业大数据积累与开发都取得了不错的成果，但由于工业大数据应用起步较晚，在智能制造领域仍面临很多问题。

大数据在智能制造中的问题

数据的整合应用问题较为突出。当前，我国绝大多数制造业企业利用业务管理平台的数据和客户的数据等来搭建大数据平台，数据类型比较单一，来源也比较少，缺失外部互联网的数据报告和其他相关行业的数据，缺少一定的应用性。因此，为大数据采集开拓更加丰富的渠道势在必行。

企业内各个部门之间难以实现数据集成。当前我国企业内部缺乏良好的信息互通性，增加了大数据的应用复杂度，也降低了企业的优化能力。

缺乏相关人才。智能制造的发展需要深度分析大数据，因此产生了对数据分析人才的大量需求，而我国恰恰缺少这种技术型人才，这在很大程度上限制了大数据在智能制造中的应用。

解决措施

首先，若要充分发挥大数据在智能制造中的价值，必须在政策的支持下优化和完善数据整合、数据集成。要持续丰富企业大数据的顶层设计，借助相关的制度和方法建议等充分发挥大数据的作用，有效提升企业内部的数据集成效率和数据整合效率，为大数据的应用打下良好的基础。另外，基于企业的发展状况，利用大数据应用的策划部门，贯彻落实企业内部的数据集成工作，为数据应用奠定较好的基础。

其次，要有大量的人力和物力支持大数据的应用。有关部门通过大数据相关的一些优惠政策和资金对企业进行鼓励和支持，促进企业充分发挥大数据的重要价值。

最后，为发挥大数据的价值，提升企业的认知度，还应建立更加科学、合理、高效的技术推广应用机制。企业要积极推广大数据应用成功的案例，进一步利用信息共享、成果学习等，提高自身的市场竞争力、发展水平及在智能制造中的能力。

 企业如何推进工业大数据落地

工业大数据的落地需要从业务、应用、技术、数据积累等多个方面发力，涉及不同的组织、单位，工作内容多、流程复杂，如果没有统一的规划，很难形成一个完整的体系，导致企业无法做出合理的规划与安排，无法对工业大数据的落地产生积极的推动作用。具体来看，工业大数据的落地需要从以下 3 个层面着手。

工作框架

工业大数据的工作框架包括 5 个部分，分别是构建知识体系、数据识别与定义、数据集成与共享、数据分析与利用、数据治理。工业大数据的工作框架如图 7-1 所示。

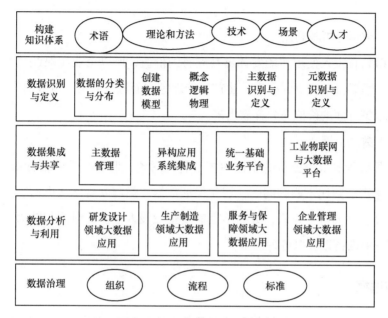

图 7-1　工业大数据的工作框架

（1）构建知识体系

工业大数据涉及的概念、术语、理论虽然非常多，但并没有形成统一的共识，所以工业企业有必要在内部建立统一的知识体系，对工业大数据涉及的概念、术语等做出统一规定，保证各部门沟通顺畅，防止出现互不理解的情况。

（2）数据识别与定义

企业在对数据进行治理与开发利用之前，要清晰地了解自身各类数据资产的状况，对数据表达语言进行规范。具体来看，在这个环节，企业的主要工作是创建数据模型，对数据进行分类，明确各类数据的分布情况，核心工作是对主数据与元数据进行识别与定义。

（3）数据集成与共享

企业想要实现数据的集成与共享，关键是要解决数据流动问题，可以采用的方法有两种：第一，建立数据通道，包括建设数据平台，对工业物联网进行推广应用；第二，促进数据流通，包括打通各项业务数据，对主数据进行集成应用等。

（4）数据分析与利用

数据只有投入使用才能发挥出其应有的价值，所以企业在保证数据质量的基础上，需要推动数据在研发、生产、管理等方面深入应用，将数据优化业务、改进管理等方面的价值充分释放出来。

（5）数据治理

数据治理要求企业将数据作为核心管理对象，明确数据管理标准与流程，解决数据责任归属不明等问题，切实保证数据质量与安全。从电信、金融等信息化程度较高的行业来看，数据治理需要企业投入很多的时间与精力，而且要做好充分的准备以应对各种困难。

切入点选择

因为数据的整合、分析与利用深受数据质量与数据流通的影响，所以企业应该先进行数据治理，再推进数据应用。但在很多情况下，这两个环节可以同步进行，企业可以根据实际情况一边开展数据治理，一边推进数据应用。

在工业大数据框架构建的 5 项工作中，企业可以根据自身的实际情况选择一项工作作为切入点，可以先明确数据治理的制度与流程，创建数据治理的体系与机制；也可以先开发数据模型，创建数据资产目录，明确数据标准，统一规范数据表达语言；还可以选择一些拥有良好数据基础、数据一旦投入使用就可以显现出较高价值的领域优先开发大数据应用，推动数据管理体系不断完善。当然，上述 5 项工作也可以同步开展。

但无论如何，工业大数据的落地应用要遵循两个基本原则，一是覆盖数据全生命周期，二是打通信息价值链。具体到某个业务场景就是要遵循"设—存—通—治—用"的基本逻辑。"设—存—通—治—用"的基本逻辑见表 7-1。

表7-1 "设—存—通—治—用"的基本逻辑

项目	基本逻辑
设	企业要设计数据识别定义和应用场景
存	企业要做好数据采集与存储工作
通	企业要对数据进行整合，打通各个数据流
治	企业要保证数据质量与数据安全
用	推动数据在具体的业务场景落地应用

关注事项

在工业大数据落地应用的过程中，为了保证数据安全，促使大数据的价值得到充分挖掘与释放，需要做好以下 6 项工作。

（1）创建数据模型

在企业的数据架构中，数据模型占据核心地位。因为无论是数据标准落地，还是数据的集成与整合应用，都要以数据模型为载体。企业级数据模型的构建可以采用正向设计与逆向建模相结合的办法进行，并利用数据模型管理工具围绕数据模型的创建、管理与使用创建相应的机制。

（2）掌握工业机理

工业大数据最终要应用到具体的场景中，解决实际的工业问题，整个过程要依靠工业机理来完成。企业如果不掌握工业机理，就无法创建科学、合理的数学模型，就无法推动大数据落地应用。在这种情况下，企业要积极整合应用外部资源，聚焦典型需求，积极推进工业机理研究，积累相关模型，逐渐形成一个规模庞大的知识库。

（3）搭建能力平台

随着工业大数据的不断推进，企业的数据分析需求会不断高涨，这就要求 IT 部门缩短响应时间，提高响应效率。同时，随着 IT 架构的全面云化，大数据应用会越来越轻，会以工业 App 的形态呈现。在这种情况下，企业需要创建一个安全可控、稳定可靠、可以实现弹性扩展的数据开发平台，提高数据开发速度与效率，做好数据的全生命周期管理。

（4）确保数据安全

企业要想发挥出数据的价值，必须整合数据，而这会增加数据泄露的风险。因此，企业在应用大数据的过程中需要确保数据安全，做好数据风险防范工作，积极应用新一代数据安全技术，创建覆盖整个数据生命周期的安全机制。

（5）培养数据人才

数据驱动型应用的需求分析、软件开发过程、开发环境、所需要的关键技术都与传统的交易型应用存在很大的区别。因此，企业为了推进数据驱动型应用，必须积极引入新一代人才，例如数据架构师、数据科学家、数据分析师、数据质量工程师等，并做好相关人才的培养工作。

（6）做好投资保障

工业企业对大数据技术的应用刚刚起步，需要做好数据治理，在与数据安全相关的关键技术领域寻求重大突破，构建算法模型，整个过程需要耗费很长的时间，而且无法在短期内看到收益。因此，企业要保证资金供给的稳定性与持续性。

第8章　工业机器人：人机共融赋能智慧工业

基于工业机器人的智能制造

工业机器人是科技进化的产物，其在智能制造中的作用不容小觑。时代发展证明，工业机器人代替人工生产是未来制造业的主流，是进入智能制造时代的重要力量。近年来，越来越多的企业引进工业机器人进行智能化和自动化生产，工业机器人已成为产业结构调整和转型升级得力的工具之一。

工业机器人在智能制造中的应用优势

在工业生产中，人工成本的连续增加是导致机器代替人工的重要因素，工业机器人代替人工生产能够节约人工成本，实现效率的最大化。机器人可以7×24小时全天候在线生产，只需要一人看管一台或多台机器人，有效节省人力资源成本。同时，人力资源的减少也方便企业更好地实现人工管理。工业机器人在智能制造中发挥着举足轻重的作用，是制造业推进智能制造的重要体现。

此外，在工业生产中，智能工业机器人可代替人工完成危险系数高、难度大的作业，减少安全事故的发生。

工业机器人在智能制造业中的应用

工业机器人在钢铁企业生产领域的三大应用见表 8-1。

表8-1　工业机器人在钢铁企业生产领域的三大应用

机器人类型	具体应用
测温机器人	测温机器人可以全自动进行焦炉火道测温，并将测量结果上传至控制系统。测温机器人的使用既提升了焦炉的生产率，又保障了工作人员的人身安全，还精简了岗位设置，便于企业管理
自动贴标机器人	自动贴标机器人可以自动粘贴钢卷内外圈表面的标签，还可以配合天车夹钳扫描系统，实现钢卷信息自动核对，有效提升了工作效率
无人化行车	借助计算机系统，无人化行车可精准锁定钢铁材料的位置，自动优化路径，选取最佳的行驶路线，自动完成信息存储或吊装钢卷等工作

实际上，汽车制造领域应用工业机器人已有几十年的时间，汽车由许多大大小小的零部件组成，汽车制造的各个环节（例如涂漆、机器维修、组装、点焊等）都需要工业机器人协助完成。大众、宝马、东风日产等品牌的汽车，有各自固定的机器人供应商，工业机器人的加入促使汽车制造业更具竞争优势。例如，在焊接环节，工业机器人借助传感器，使用焊接工具可以自动完成车体焊接工作；在外车喷漆环节，工业机器人一般按照预先设定好的程序完成喷漆、涂胶操作，生产效率得到提升；在整车装配环节，工业机器人根据程序设置装配好座椅、车窗等部件，实现精准装配。

推动工业机器人产业化的发展策略

（1）加强人才培养

智能制造发展的核心是培养新型高新技术人才。为此，企业需要建立和完善人才培养机制，加强技术骨干的培养，通过"以老带新""青蓝工程"，促进青年技术人才的成长，加强与领军企业或先进企业交流合作，有计划地组织技术人员到领军企业或先进企业学习经验，从实际出发，深入钻研工业机器人技术。

（2）加强技术创新

科技是第一生产力，科技创新的一个重要标志是以机器人为代表的智能产业的发展。因此，工业机器人产业有必要增强核心技术的创新能力。

（3）加强性能优化

为促进工业机器人产业高质量发展，工业机器人需要优化升级，从智能制造业企业的需求出发，扩大其应用的广度与深度，不断优化性能，真正实现智能制造。

工业机器人在推进智能制造方面发挥着极其重要的作用，它可以促进柔性生产线的建设，优化生产环节，促进产品的智能化升级，实现智能制造在生产和效益上齐发展。为了促进工业机器人更好地融入智能制造，我国制造业企业应该加强人才培养，加强技术创新，加强性能优化，充分利用互联网的内外环境，提升工业机器人的智能化水平，以提升智能制造的竞争力。

 搬运机器人及其关键技术

随着社会经济的飞速发展，工业领域也得到了飞快发展，工业领域中出现了多种功能的机器人。根据不同的用途，工业机器人大致可以划分为搬运机器人、焊接机器人、真空机器人、洁净机器人、激光加工机器人等。

传统的搬运工作由工人来完成，成本高，且工作效率低。搬运机器人能够有效地解决这些问题，且可以长时间地运行工作，只需要按时维护即可。搬运机器人根据工作需要，可以及时安装末端执行器或拆分自身零部件，协助完成不同状态的生产制造，能够有效缓解工业生产制造过程中人力水平参差不齐的问题，轻松实现自动化搬运工作。

作为工业机器人中的一类，搬运机器人具有广泛的应用前景。搬运机器人是集环境感知、多传感器控制、动态决策与规划、自动导航、网络交互等多功能于一体的综合系统，大到承担工业、农业、医疗、服务、电子、纺织等行业的搬运、传输，小到分拣、运输机场、车站、快递站点的物品。在现代的生产物流搬运设备中，搬运机器人承担着极其重要的角色。

导引及定位技术

导引及定位技术是搬运机器人技术研究的核心，其性能的优劣与 AGV 的性能稳定性、自动化程度及应用实用性有很大联系。导引及定位技术主要包括电磁感应导引、光学导引、激光导引、视觉导引、复合导引等。导引及定位技术的运行原理见表 8-2。

表8-2 导引及定位技术的运行原理

导引技术	运行原理
电磁感应导引	将金属导线敷设在 AGV 的行车路线中，引入低频、低压电流，在导线周围形成磁场，利用 AGV 上的电磁线圈鉴别、追踪导航磁场的高低，实现 AGV 的导引
光学导引	在 AGV 的行车路线上粘贴色带或涂上色漆，利用光学传感器接收色带或色漆的图像数据信号，实现鉴别建立引导
激光导引	为 AGV 四周的行车路线安装激光反射板，AGV 上的激光定位设备发射激光束，并接收激光反射板四周反射的数据信号，基于三角几何与运算确认其现阶段的部位和方向，实现 AGV 导引
视觉导引	AGV 安装电荷耦合器件（Charge Coupled Device，CCD）摄影机，在行车过程中，利用视觉传感器接收、处理图像信息，精准定位 AGV 的位置
复合导引	突破单个导引的局限性，实现电磁感应导引、光学导引、激光导引和视觉导引的融合使用，实现不同导引方式间的互联互通，从而建立 AGV 的完美指引

路线规划和任务调度技术

路线规划和任务调度技术在 AGV 领域的应用见表 8-3。

表8-3 路线规划和任务调度技术在AGV领域的应用

应用场景	具体应用
行驶路线规划	AGV 行驶路线规划广泛应用蚁群算法、AI 算法、图论法、遗传算法、虚拟力法和神经网络等人工智能算法，解决从出发点到目标点的路线问题

（续表）

应用场景	具体应用
作业任务调度	基于当前作业请求进行任务处理，内容包括排序具有一定规则的任务并安排合适的 AGV 处理任务等，同时对各个 AGV 的任务执行次数、工作与空闲时间、电能供应时间等因素进行精准把控，促使各类资源实现优化配置与科学应用
多机协调工作	借助多个 AGV 完成某些复杂任务，以解决资源竞争、系统冲突和死锁等问题。多机协调方法是常用的方法，包括道路交通规则控制法、分布式协调控制法、基于多智能体理论控制法和基于 Petri 网理论的多机器人控制法

运动转向与控制技术

不同车轮的转向和控制方式不同，AGV 的两种转向驱动方式见表 8-4。

表8-4　AGV的两种转向驱动方式

转向驱动方式	具体应用
两轮差速驱动	把两个独立的驱动轮同轴水平固定在车体中部，其他的自由万向轮支撑两个驱动轮，控制器调节两个驱动轮的转速和转向，以灵活转动任意转弯半径
操舵轮控制	控制操舵轮的偏航角进行转弯，受最小转弯半径的限制

信息融合技术

信息融合技术是指通过关联组合多源信息，实现数据的识别、分析、估计和调度，方便处理各种信息，完成下达决策，科学估计环境。在导引领域，目前研究和应用的信息融合技术主要包括 Kalman 滤波、贝叶斯估计法与 D-S 证据推理等，其中 Kalman 滤波的应用最为广泛。

在人工智能、物联网、大数据等技术的驱动下，我国 AGV 的市场规模迅速扩大，技术发展突飞猛进。当前，国际物流技术的发展是新潮流、新趋势，AGV 凭借核心技术和设备优势，融合、改造、提升现代物流技术与传统生产模式，实行精细化、柔性化、信息化管理，节省物流时间，减少占地面积，打造智能化、自动化、一体化的新型产业模式。

焊接机器人及其关键技术

焊接机器人能够在恶劣环境中正常运行，进行精密加工，在高温条件下进行热处理工艺等，减少对人的伤害，按时、保质完成焊接工作。焊接机器人是工业生产智能制造过程中的重要环节，是智能化和自动化的有机统一。焊接机器人主要包括点焊机器人与弧焊机器人。

点焊机器人

点焊机器人是指用于点焊自动作业的工业机器人，主要由机器人本体、计算机控制系统、示教盒和点焊焊接系统 4 个部分组成，具有安全性好、运动速度快、精确度高、负荷能力强、能耗低等优点，在提升生产效率上具有明显的优势，广泛应用于各个领域。

当前，使用点焊机器人最多的领域是汽车制造业，主要工作是焊接汽车车身。点焊机器人凭借广阔的市场和发展前景，引来无数国际工业机器人企业扎根我国，与我国各大汽车企业长期合作，打开我国点焊机器人市场的大门，这有助于催生更多的汽车产业链，促进国产工业机器人"走出去"。

汽车工业的迅速发展，对企业焊接生产线提出了新的要求，即焊钳一体化。QH-165 点焊机器人是我国首台自主研制的 165 千克级点焊机器人，后来经过优化的第二台机器人完成并顺利验收，该机器人的整体技术指标已经达到国外同类机器人的水平。点焊机器人工作空间大、性能稳定、运动速度快、负荷能力强，焊接质量优于人工焊接，有效提升了点焊作业的完成效率，在汽车焊接领域得到广泛应用。

弧焊机器人

弧焊机器人是一种进行自动弧焊的工业机器人，其组成和原理与点焊机器人相似。弧焊机器人分为熔化极焊接作业和非熔化极焊接作业两种类型，具有高质量、高稳定和高生产率等优势，可以长时间进行焊接作业。

弧焊机器人应用领域广泛，主要应用于各类汽车零部件的焊接生产。随着时代的发展和科技的进步，弧焊机器人已经朝着智能化和自动化方向发展。弧焊机器人的关键技术见表 8-5。

表8-5 弧焊机器人的关键技术

关键技术	主要作用
系统优化集成技术	弧焊机器人利用交流伺服驱动技术及高精度、高刚性的 RV 减速机和谐波减速器形成系统优化集成技术，在进行弧焊作业的过程中，可以保持良好的低速稳定性和高速动态响应
协调控制技术	弧焊机器人协调控制技术的关键在于"控制"，即控制多机器人和变位机协调运动，既可以避免焊枪和工件发生碰撞，又可以完美衔接焊枪和工件，达到紧密焊接的目的
精确焊缝轨迹跟踪技术	激光传感器和视觉传感器是弧焊机器人进行弧焊工作的重要抓手。激光传感器可以帮助弧焊机器人焊缝跟踪焊接的全过程，提升复杂工件焊接的柔性和适应性。而视觉传感器的离线观察则可以帮助弧焊机器人获取焊缝跟踪的残余偏差，通过偏差统计获得补偿数据，进而修正弧焊机器人的运动轨迹，实现高效的焊接工作

 真空机器人及其关键技术

真空机器人通常是在真空环境中工作，在真空腔室内传输晶圆。由于技术的特殊性，真空机械手一度成为制约半导体装备整机研发进度和整机产品竞争力的关键部件。2009 年，我国成功研制生产真空机器人，这是我国真空机器人技术的重大突破。真空机器人的关键技术如下。

新构型设计技术

结合真空机器人的结构特点，进行优化设计升级，打造具有中国特色的真空机器人新构型设计技术，实现真空机器人对刚度和伸缩比的要求。

大间隙真空直接驱动电机技术

围绕大间隙真空直接驱动电机和高洁净直驱电机，开展电机理论分析、结构设计、制作工艺、电机材料表面处理、低速大转矩控制、小型多轴驱动器等

实践。

真空环境中的多轴精密轴系的设计

真空机器人在真空环境中工作时，出现了轴与轴之间不同心、惯量不对称等问题，为解决这一难题，真空机器人采用轴在轴中的设计方式，成效显著。

动态轨迹修正技术

机器人运动信息和传感器信息的有效结合，可以精准检测出晶圆与手指之间基准位置的偏移。运动轨迹能体现机器人的工作效态。动态轨迹修正技术的有效运用，可以帮助机器人准确地将晶圆从真空腔室中的一个工位传送到另一个工位，节省了传送时间，提升了机器人工作的完成率。

符合SEMI标准的真空机器人语言

国际半导体产业协会（SEMI）致力于为半导体制程设备提供一套实用的环保、安全和卫生准则。将SEMI标准与真空机器人作业特点、搬运要求相结合，从而制定真空机器人的专用语言。

可靠性系统工程技术

在集成电路的制造过程中，设备故障是重点关注的问题，设备一旦出现问题，会给整个生产链造成巨大损失。由于半导体设备对平均无故障次数要求极高，有必要对各个部件的可靠性进行测试和评估，以高标准要求进行集成电路制造。

 ## 洁净机器人及其关键技术

科学技术的不断进步，对企业生产环境有了更高的要求，如何将服务与智能相结合，是企业转型升级和长期发展的重要因素。各行各业产品的制造都离不开一个洁净的环境，而生产产品需要设备作为工具，洁净机器人就是其中的关键设备。洁净机器人是用于洁净工作的工业机器人，洁净机器人的关键技术见表8-6。

表8-6　洁净机器人的关键技术

关键技术	主要作用
洁净润滑技术	负压抑尘结构和非挥发性润滑脂是洁净润滑技术的重要组成部分，目的是实现生产环境无颗粒污染，达到洁净要求
高速平稳控制技术	增强洁净机器人关节伺服性能，优化搬运轨迹，让洁净搬运工作更加高效、平稳
控制器小型化技术	控制器小型化技术可以帮助企业节省洁净室的建造成本和运营成本，减少机器人的占地空间
晶圆检测技术	光学传感器是晶圆检测技术的关键，光学传感器能够让晶圆顺利通过机器人的扫描，检测卡匣中的晶圆有无缺片、倾斜等，发现错误，及时修正

激光加工机器人及其关键技术

激光加工机器人是指将机器人技术与激光技术有效融合，结合自身性能和工作原理，进行激光加工作业，以满足生产和制造的需要。现如今，汽车制造业、冶金业等行业广泛应用激光相关技术。机器人与激光的融合是工业机器人发展的一大创新，其关键技术如下。

结构优化设计技术

激光加工机器人采用的是大范围框架式本体结构，既能增大作业范围，又可以把握精度，精准地进行激光加工作业。

系统误差补偿技术

由于工作空间大、精度高等特性，激光加工机器人采用非模型方法与模型方法相结合的混合机器人补偿方法，顺利完成几何参数误差和非几何参数误差的补偿，科学、精准地掌握系统误差。

高精度机器人检测技术

高精度机器人检测技术是激光加工机器人关键技术中的重要组成部分，将三坐标测量技术和机器人技术相结合，成功实现机器人高精度在线测量，对促进企业技术的进步和传统工业技术的改造具有重要意义。

专用语言实现技术

依据机器人作业的特点和激光加工的特性，完成激光加工机器人专用语言，发展激光加工机器人专用语言实现技术。

网络通信和离线编程技术

利用网络通信和离线编程技术的串口、CAN 等网络通信特性，实时监测和管理机器人各生产线，实现上位机对机器人的离线编程控制，参与机器人工作的全过程。

工业机器人视觉

随着智能化时代的到来，机器视觉在智能制造业领域的作用越来越重要。机器视觉是指用机器代替人眼进行判断和测量。在生产和制造领域，机器人视觉发挥着重要作用，它利用视觉感知系统，通过视觉传感器获取信息和图像，并用视觉处理器进行解释和分析。机器人视觉分为 2D 和 3D，2D 视觉主要用于处理二维图像信息，3D 视觉则通过对物体进行 3D 扫描获取立体信息。

工业机器人视觉的应用

工业机器人视觉在生产制造领域的应用见表 8-7。

表8-7　工业机器人视觉在生产制造领域的应用

应用	具体应用
外观检测	该环节是人工检测最少的环节,大多数由机器人来操作,检测内容包括生产线上的产品是否有质量问题、包装是否完整、产品有无缺少部件等
识别	通过视觉感知系统,工业机器人可以识别二维码、条形码、人脸等,还可以分析、处理产品的图像信息,便于采集数据,形成完整的信息数据库
引导和定位	利用视觉感知系统,工业机器人可以快速追踪被测零件的位置,确定最佳行驶路线,便于定位导航;使用机器视觉定位,机械手臂能够准确抓取零部件;在半导体封装领域,工业机器人能够通过机器视觉对芯片进行精准定位,准确拾取和绑定芯片
高精度检测	工业机器人视觉能够检测到人眼无法检测的产品,例如,精密度极高的产品必须通过工业机器人视觉来完成

机器视觉系统工作过程

机器视觉系统工作过程如下。

- 物体运动至接近摄像机的视野中心时,工件定位检测器向图像采集部分发送触发脉冲,传送探测的信息。

- 按照事先设定好的程序和时延,图像采集部分分别向摄像机和照明系统发出启动脉冲。

- 等待状态中的摄像机在启动脉冲到来后开启一帧扫描。

- 另一个启动脉冲打开灯光照明,灯光的开启时间应该与摄像机的曝光时间匹配。

- 利用摄像机进行曝光,曝光完成后正式开始扫描和输出一帧图像。

- 图像采集部分直接接收摄像机数字化后的数字视频数据,或者接收模拟视频信号,通过 A/D 转换器将其数字化。

- 图像采集部分将采集的数字图像存放至处理器或计算机的内存中。

- 处理器识别、分析和处理图像,获取逻辑控制值或测量结果。

- 实现控制流水线的动作、纠正运动的误差、进行定位等。

目前，工业机器人视觉已成为生产制造业广泛应用的技术，可以帮助企业扩大生产效益，减少安全事故的发生率，构建安全、高效的产品生产线，是制造业推动智能制造不可或缺的帮手。同时，在大批量工业生产作业中，由于人工成本大幅上升、安全系数和质量效率低下，企业生产与效益差距加大。引入工业机器人视觉能够有效解决这些问题，大大提高生产效率，实现生产自动化，而且机器视觉的优势是便于集成信息，是实现计算机集成制造的基础技术。

在生产环节，工业机器人 3D 视觉遵循三角测量法的原理，方便用户获取工件的点云数据，完成 3D 建模，也能帮助机械臂快速完成抓取工作。

随着智能化、信息化的深入发展，生产制造业对柔性生产的要求越来越高，3D 视觉技术逐渐被应用于各种智能产品中，工业机器人视觉产品跟随时代的脚步不断转型升级，智能化、小型化是工业机器人视觉产品换代升级的趋势，发展前景未来可期。

工业机器人视觉的发展方向

我国是生产和制造大国，工业机器人视觉作为国内拥有广阔发展前景的产业，相关制造业企业要抓住时机，加强硬件方面的相关技术研究，研发质量过硬的机器视觉产品。企业要从用户需求出发，深入了解用户的应用体验，提升产品质量，促进工业机器人视觉产业走深向实。

目前，工业机器人视觉已广泛应用于生产制造、汽车、电子、3D 打印、农业、物流等领域，未来，其市场将进一步扩大。

第三部分

工业互联网

第9章　5G+工业互联网：应用场景与实践路径

 5G 引爆工业互联网

工业互联网作为推动智能化发展的基础，将人、数据和机器相连接。5G 在传输速率、数据采集及时延方面具有优势，能够促进信息化与工业化向更高层次融合，推动工业互联网发展。

5G 具有超高速率、超大连接、超低时延三大特性，具备赋能各行各业的潜力，能够助推各产业蓬勃发展，例如，工业传感器、云端机器人、云 VR 等产业。以无人驾驶为例，无线通信技术在无人驾驶方面的应用需要超低时延、安全性高、可靠性强的网络服务，应用范围更广，包括车辆到基础设施、车辆到车辆、车辆到行人。

工业互联网对5G网络的需求

从 VR/AR 方面来看，在未来的智能生产过程中，VR/AR 将会发挥关键作用。以 AR 技术为例，AR 技术能够实现生产数据的可视化，更加广泛地应用于智能制造的生产、装配及维护过程中，基于 AR 技术的生产状态能够被更加清晰、直观地表现，员工通过配套的 AR 设备对生产线设备进行扫描，能实时掌握生产过程的状态及生产数据，促进工厂工作高效率开展。设计师以 AR 技术为支撑，打造虚拟仿真工厂，在虚拟环境中对生产实况予以监测。AR 设备的运行需要无线网络的支持，通过无线网络，将信息上传至云端服务器，以减少相应的硬件成本。5G 与 VR/AR 技术相结合，使工作人员不受时间、空间维度的限制，进一步获得沉浸式体验。

从远程控制方面来看，在开采煤矿、挖掘救人、危险化学品生产等相关场景，前端设备与后端设备之间需要建立一个完整的信息闭环。前端设备将其所感知到的环境场景信息借助通信网络发送给后端设备，后端设备基于所接收到的信息做出最优决定，并向前端设备发布相应的指令，然后由前端设备完成指令，再进行相应的操作。5G 的低时延、高可靠特性是整个闭环得以形成和完成的基础，使前后端连接更为通畅，提高了前端设备操作的精确性和实时性。

另外，工业互联网中还有 Wi-Fi、蓝牙等无线技术的应用，但无线技术干扰多、时延高，正因如此，工业互联网大多选择有线网络，以求网络的安全高速、可靠稳定。5G 的出现能够很好地解决 Wi-Fi、蓝牙及其他无线技术的短板，以超高速率、低时延、高可靠性的优势实现设备之间的互联，降低企业大规模使用有线网络的成本，实现施工环境的整体优化。

工业互联网不仅对设备智能化提出了新的标准，实现机器与机器（Machine to Machine，M2M）的通信，还在 5G 的基础上，突破地域、技术和商业的边界，实现无界限连接，打通人、机器、数据之间的断点，实现三者之间的互联互通。工业互联网可以提升消费者的体验感，让消费者能够通过设备对相关产品的产地、厂商进行追溯和寻源，甚至能够直观地观看到相应产品的生产过程。

5G释放工业互联网的乘数效应

（1）5G 移动终端助推工业互联网的发展

5G 芯片具有高集成度及较强的计算能力、存储能力，以云计算为支撑增加终端功能，从而推动工业互联网的发展，产生更强大的应用。移动终端能够发展为具有网络通信功能的手机和 VR 设备。信息交汇的主体由 5G 用户和移动终端构成，用户能够依据自己的喜好对移动终端个性化植入各种 App。

（2）5G 的高速率、低时延、高可靠性助推工业互联网的发展

5G 以高速率、低时延和高可靠性优势，对工业体系数字化、智能化的发展予以保障，保证工业互联网中的各个环节能够不中断，促进用户与设备之间，以及设备与设备之间的互联互通。5G 是未来移动互联网的技术系统，涉及范围较广，例如，非正交多址接入技术、毫米波通信技术、大规模 MIMO[1] 天线技术、网络功能虚拟技术等都是关键性技术，它们都有利于提高信息传输的质量，提高抗干扰的能力，增强传输复用效果，促进资源共享，有利于工业互联网的优化和升级。因此，工业互联网融入移动网络的过程离不开 5G。

（3）万物互联助推工业互联网的发展

随着越来越多的事物、人、数据和互联网相连接，万物联网发展到下一阶段便是万物互联的时代，万物互联将推动工业互联网物连物的深入发展，通过万物的互联互通，可实现信息的实时对接与传递，创造更大的价值，优化更丰富的体验。

 感知式管理生产过程

传统工业生产离不开三大要素——生产设备、原材料、能源。这三大要素的每一次变革都会引发生产方式及生产力的变革。因此，从某种程度上讲，传统制造业的发展史就是生产设备、原材料及能源的进化史。

近年来，随着互联网、移动互联网等信息技术的快速发展，原本独立的生产设备开始尝试以无线的方式接入互联网，或者彼此连接，从而催生了工业互联网。同时，随着 5G、人工智能、大数据、云计算等技术在制造业领域的深入应用，工业生产开始向着数字化方向转型，数据开始在工业生产中发挥至关重

1　MIMO（Multiple-Input Multiple-OutPut，多输入多输出）。

要的作用。

工业互联网的创建需要多种先进技术的支持，而可以实现广连接的 5G 就是一项关键技术。在 5G 网络的支持下，工业互联网每平方千米内可以连接百万级的生产资料、生产设备、原材料、信息数据，各类数据也可以实现实时采集与稳定传输。

未来，在实现了全面互联互通的工业互联网环境下，随着云计算、大数据、物联网、区块链等新一代信息技术应用于自动化生产，原有的生产工序将被打破，工厂内部的所有生产环节、生产设备及生产人员将实现全面连接，彼此可以相互发出请求、协同合作，切实提高各类资源的利用率，真正做到柔性化生产，以满足用户的个性化定制生产需求。

为了做到这一点，工业互联网企业必须确保工厂内部的所有生产工序、生产原材料、生产设备建立紧密连接，实现互联互通，从而收集各类数据，为实时决策提供必要的支持与辅助。生产企业的数据收集可以采用两种方式：一种是为生产设备附加传感器，在整个生产过程中实时收集数据；另一种是对企业的运营系统、业务系统、供应商数据、客户数据等进行整合，从而全面掌握整个供应链的数据，为供应链管理、供应链运转效率的提升提供强有力的支持。

在工业互联网环境中，生产企业要想实现对产品的全生命周期管理，可以在生产线或生产设备原有的自动化控制功能的基础上增加感知功能，即为生产线或生产设备配备物联网传感器或 5G 无线网络通信模块，对产品生产过程中产生的数据进行全面感知，以便实时收集数据，并利用无线网络将收集到的数据传输至数据中心，然后利用大数据技术对这些数据进行深入分析，为智能决策提供科学依据。在感知设备的作用下，生产线与生产设备可以获得自我优化能力，实现自动化、智能化生产，形成感知式管理生产过程。

大数据驱动的自动化生产、智能化生产更加稳定、可靠，所有的生产环节都做到了可视化，降低了人对生产过程的影响，切实提高了生产效率，保证了产品的生产质量。同时，在感知设备的作用下，企业可以对整个生产过程进行感知，实时掌握生产资源的使用情况，通过产品全生命周期管理及对生产调度系统的优化，减少资源浪费，实现降本增效。

企业利用各种感知设备收集生产过程中的数据，并对数据进行分析，及时发现生产过程中的异常情况，例如，生产设备发生故障、原料耗尽、产出次品等，及时采取措施进行处理，保证生产活动有序进行。另外，企业还可以将实时采集到的数据与历史数据进行对比分析，对产品销量做出精准预测，制订更加合理的生产计划，防止产品供过于求，避免货物在仓库长久堆积。

总而言之，通过对整个生产过程进行感知管理，企业可以全面掌控生产管理系统，有效规避各种不确定性因素带来的生产风险，积极响应多元化、个性化的市场需求，满足供应链各主体的需求。

 ## 周期式产品质量管理

在 5G 的支持下，企业可以创新质量管理模式，实现周期产品质量管理。例如，借助基于人工智能的视觉识别技术，企业可以快速识别可能会对产品质量造成不良影响的因素，预测产品可能出现的缺陷。目前，在这个领域，捷普公司已经有了比较成熟的应用。

捷普公司利用基于人工智能的视觉识别技术识别电路板早期在制造阶段潜在的风险。一般来讲，电路板制造需要经过 35 ～ 40 道工序，利用基于人工智能的视觉识别技术可以在第 2 道或者第 3 道工序中识别出电路板制造潜在的风险，识别准确率高达 80%，可以节约 17% 的人工成本和 10% 的能源。但这种方法只有在 5G 的支持下才能发挥出最大的能效。

传统的产品管理手段一般借助二维码扫描与射频识别追踪溯源，只能在产品入库或出库时记录产品的位置、时间等信息，如果产品不合格，很难追溯到具体的生产环节。而通过在产品包装上安装 5G 传感器，企业可以随时查询产品的位置、重量，产品存储环境的湿度、温度等信息，了解产品的状态。如果产品质量不合格，可以快速追溯到具体的生产环节，并且可以拓展企业质量管理范围，让质量管理不再局限于在工厂内部进行。

在工业互联网时代，进入工厂的每个物品、物料都会被打上唯一的标识，这样一来，整个生产过程使用的所有原材料与零部件都有独特的信息属性，并会根据信息自动进入下一个生产环节。在这种生产模式下，员工的工作会变得非常简单，只要与这些带有唯一标识的物品、物料与产品进行数据交互即可，这些数据会经由 5G 网络传输到数据库中。如果产品出现问题，管理人员只要查询数据库，再结合自身的专业知识与工作经验就能快速做出判断，准确定位导致产品出现问题的具体生产环节，快速制定售后服务方案，实现周期式产品质量管理。

在周期式产品质量管理模式下，企业可以推行很多先进的生产管理模式，包括并行设计、敏捷制造、柔性生产、协同制造等。具体来看，周期式产品质量管理涵盖了产品设计、产品制造、产品销售、售后服务、报废回收、再生利用 6 个环节，具体应用分析如下。

- 第一，基于 5G 的周期式产品质量管理可以感知整个生产过程，利用传感器、3D 相机、高清摄像头等设备采集产品生产过程中产生的各类数据，并利用大数据技术对数据进行分析，为故障预测、生产决策提供有效的数据支持；可以辅助管理人员确认仓库中可用的原材料和零部件的数量；在必要的情况下，还可以代替仪器仪表的部分功能进行工业测量，在仪器仪表无法承受的恶劣环境中收集数据。

- 第二，在 5G 的支持下，传感器收集到的数据可以快速传输至数据中心。周期式产品质量管理要求将各个车间、分厂在不同时间段产生的数据传输至同一个数据中心，进行统一的分析与计算，根据分析结果对算法模型进行优化，得出更加准确的结果。而各个车间、分厂每时每刻都会产生大量的数据，只有借助 5G 网络这些数据才能实现快速传输。

- 第三，在 5G 的支持下，供应链各环节的数据可以自由流通，提高了产品全生命周期管理的智能化水平。例如，企业可以全面收集供应链各环节的物流数据，优化管理物流过程，提高物流效率，降低物流成本。

 全价值链资源优化配置

在基于 5G 的工业互联网环境中，企业可以利用区块链、物联网等技术打通原材料采购、产品研发设计、产品生产、产品销售等环节，对这些环节进行分布式管理，优化资源配置，提高各类资源的利用率。

生产企业的运营活动可以细分为研发、计划、采购、生产、配送、服务 6 个环节。在工业互联网环境中，这 6 个环节可以演变为根据需要实现动态配置的模块，每个模块均配备了相应的软件管理系统，都具备物联网感知能力，可以根据客户需求进行高效整合，更加灵活、更加高效地满足生产需求。

首先，5G 具有强大的感知能力，工业互联网具备强大的连接功能，基于此，企业可以在全生命周期管理的过程中采集大量数据，并对这些数据进行全面分析，为产品设计、生产工艺调整、生产计划安排提供有效的数据依据，改变过去按照经验决策、按照计划生产的模式。

其次，在传统的生产模式下，"产品设计—产品生产—产品测试—产品销售"是一个完整的流程，只有当上一个环节完成后才能进入下一个环节。但在工业互联网环境中，这些环节不必遵循固有的顺序，可以交叉或同步进行，实现并行制造与分布式管理。

在 5G、工业互联网、人工智能、物联网等新一代信息技术的支持下，企业的组织能力、决策能力、学习能力都将得到大幅提升，可以对管理、运营、决策、优化等任务进行集中式管理，打造柔性化生产线，实现高质量生产，真正做到数字化、智能化转型。

制造业企业的数字化转型可以从两个层面理解，一是物理层面的自动化，二是信息层面的智能化。这不仅要积极引入自动化生产设备，减少人对生产过程的干预，而且要利用 5G 打通采购、设计、生产、销售等环节，通过工业互联网对各类生产资源进行整合，提高资源利用率，以数据为依托实现智能决策与预测，用柔性化生产线满足多元化、个性化的产品生产需求，切实提高企业的核心竞争力，实现数字化转型。

第10章 平台建设：智能制造场景落地的关键

 技术体系：智能制造的实现路径

我国制造业门类众多，虽然都在推进信息化，但实现信息化的方式及信息化的程度各有不同。面对制造业企业对智能制造方案的个性化需求，工业互联网给出了有效的解决方案。具体来看，工业互联网有三大功能。

- 第一，工业互联网为供需双方搭建了一个平台，可以整合供给方提供的产品与方案，满足需求方的个性化需求。
- 第二，工业互联网可以对同类需求进行整合，并面向这些需求定制解决方案，对解决方案进行复制应用，不断扩大应用范围。同时，借助互联网对这些解决方案进行优化，促使其迭代升级。
- 第三，工业互联网可以推动制造业与市场深度融合，通过 IaaS/PaaS/SaaS[1] 及边缘层的相互融合打造新的业务模式，推动产业升级。

---

1 SaaS（Software as a Service，软件即服务）。

基于上述三大功能，工业互联网可以解决我国制造业面临的多种问题，推动和实现智能制造落地。在这个过程中，工业互联网会用到多项技术，具体分析如下。

工业软件技术

工业软件技术是指工业领域应用的软件系统，是制造业企业实现精益化管理与系统化管控的重要工具。近年来，我国很多企业在 ERP、制造执行系统（Manufacturing Execution System，MES）等软件领域投入了大量的人力和物力，并取得了不错的进展。

在各类工业软件中，工业 App 是赋能工业互联网平台，助推企业实现信息化转型的重要工具。目前，我国工业 App 的研发尚处于起步阶段，面临着开发难度高、成本高、风险大的问题，原因在于：第一，工业 App 主要应用于要求严苛的工业环境，要面对结构化、半结构化、非结构化的各种类型的数据，对实时性和安全性提出了较高的要求；第二，工业 App 对接口和应用场景都有特殊要求，在一定程度上增加了开发难度。

未来，随着制造业的信息化转型、智能化转型进程不断加快，我国各行各业会不断加大在工业软件、工业 App 等领域的研发投入，探索工业软件产业化路径，为智能制造的实现奠定良好的软件基础。

工业网络技术

工业互联网赋能智能制造的逻辑可以简单地描述为：工业互联网利用先进的网络技术为制造业企业打造覆盖范围极广，各类数据与信息可以高速率、高可靠性地进行传播的网络基础设施，对人、机器、产品、系统等要素进行全面感知，促使这些要素实现泛在连接，为智能制造的实现奠定强有力的网络基础。

因为工业互联网不仅要连接人、机器等生产要素，还要连接整个工业系统，整个产业链及价值链连接的范围更广、对象更多、场景更复杂，所以对网络的要求更高，这不仅要求网络传输速率快、时延低，而且要求网络具有极高的稳定性与安全性。目前，可以满足这些要求的工业网络技术当属 5G。

在智能制造实现的过程中，工业网络技术的主要功能是借助各种网络协议及数据集成协议将各类硬件、软件连接在一起，打通各类数据。因为制造业企业购买的设备来自不同的生产厂家，所以这些设备大部分有自己的网络协议。设备越多，工厂内的网络协议及协议标准越多。如果网络协议不统一，设备就无法实现互联互通，工业数据也就无法实现信息交互。为了解决这个问题，行业要统一网络协议，或者开发协议转换技术并对该技术进行推广应用，让设备实现互联互通，促使各类工业数据在多源设备与异构系统之间自由流动，为智能制造的实现奠定良好的数据基础和网络基础。

工业安全技术

安全是工业互联网面对的一个永恒话题，只有工业互联网安全，智能制造才会安全。具体来看，工业互联网安全体系的构建要做到以下 3 点。

（1）保障工业设备安全

在工业互联网环境中，设备接入网络虽然可以实现自由通信，但也会面临很多安全风险，例如，病毒攻击、非法入侵者攻击、勒索软件攻击等。工业互联网一旦遭到攻击，可能导致设备无故停机、工业数据被泄露、生产线遭到破坏等，后果十分严重。

（2）保障控制安全

在制造业智能化转型的背景下，越来越多的制造业企业开始积极引入中高端 PLC 和 DCS，并对这些设备与系统的安全提出了更高的要求。为了保证工业控制系统的安全，我国众多相关企业正在加大对工业控制系统的核心技术的研发，并积极进行成果转化，以达到工业控制系统对安全的要求。

（3）保障数据安全

工业互联网的一项重要任务是收集数据，并对数据进行开发应用，工业互联网是工业数据的集散地。这些数据不仅包括市场数据、客户数据、供应链数据，还隐藏着工业行业运行的规律，能够反映工业生产情况的数据。这些数据一旦泄露，后果不可想象。因此，工业互联网必须重视数据安全，利用先进技术为工业数据构建一道坚实的防线。

工业智能技术

本书所说的工业智能技术主要包括数字技术、数据挖掘技术及人工智能技术。

（1）数字技术

对于智能制造来说，数字化主要表现在两个方面，一是设备数字化，二是业务流程数字化，具体分析如下。

- 设备数字化。目前，我国制造业企业使用的设备大多是没有经过数字化改造的老旧设备。为了实现智能制造，制造业企业需要改造设备，增加传感器，让设备接入工业互联网。
- 业务流程数字化。业务流程数字化的实现离不开工业软件的支持，而我国工业软件的普及率较低，应用水平欠佳。为了推动业务流程数字化，我国必须加大对工业软件的开发与应用。

（2）数据挖掘技术

对于工业互联网平台来说，在产品研发设计、生产流通、销售、售后等环节广泛存在的数据是平台的核心要素。数据的采集、处理、存储、挖掘、交互等环节都需要相关技术的支持，例如，数据传输需要高速率、高稳定性网络的支持；对数据进行分析，挖掘出有价值的信息需要大数据技术的支持等。

（3）人工智能技术

人工智能技术赋予生产设备自主思考、自动化生产的能力，可以切实提高生产效率，对智能制造的实现产生了积极的推动作用。

数据驱动制造业数智化变革

宏观层面：提升数据驱动的资源高效配置能力

工业互联网平台建设与推广的过程，实际上是一个资源配置优化的过程，能够切实促进供给质量与效率的提高和优化，主要体现在以下两个方面。

（1）实现资源配置由浅入深的不断优化

建设工业互联网平台的最终目的是形成新的经济发展增长模式，以数据、信息和知识等新型生产要素为支撑，构建用数据说话、用数据决策、用数据管理的制造业运行新体系。

（2）实现资源优化由单点发展到全局的不断拓宽

建设工业互联网平台的关键在于不断拓宽资源优化的范围，由单机、生产线、车间和企业发展为跨企业、跨区域，由局部到全局、由单点到多点、由低级到高级，不断对相关产业的创新方式、生产范式、组织形式和商业模式进行重塑和升级。

中观层面：培育数据驱动的生态构建能力

工业互联网平台的发展与未来产业竞争的主导权和主动权息息相关，因此，我们必须有所突破、把握机遇，积极促进建成国际领先的工业互联网平台，这需要重点突出以下 3 个方面。

（1）培育跨行业、跨领域的工业互联网平台操作系统

以工业操作系统的培育为关键，使工业操作系统具有技术先进、功能完善、兼容适配、安全可靠的特性，围绕工业数据建模分析、海量工业知识沉淀和高效工业 App 开发，打造质量高、覆盖广、应用简单的模型库、算法库、知识库和工具库，促进制造资源的泛在连接、弹性供给及高效配置。

（2）打造创新活跃的开发者社区

能否吸引海量开发者是工业互联网生态建设的重中之重，以培养双边市场

为着力点，切实推进海量开发者和海量用户之间的双向迭代。

（3）提升平台资源的整合能力

工业互联网平台涉及的资源复杂，包括海量设备的接入、机理模型的沉淀、工业 App 的培育和工业数据安全等内容，这就对与之相对应的平台资源整合能力提出了新的要求，必须深入推进工业控制系统、通信协议、生产装备、执行系统、管理工具及各类工业软件的资源整合，构建适应新需求的平台企业。

微观层面：打造数据驱动的企业新型能力

工业互联网平台的建设任务应具体落实在企业层面，即培育以数字驱动为支撑的企业新型能力，将理念上的创新、技术上的扩散、组织上的变革、战略上的优化落实转化为企业运营中成本的降低、质量的提升、效率的提高，以及服务水平的跃升，转化为市场占有率的提高、客户满意度的改善，以及劳动生产力的革新，转化为培养和拓展新业态、新模式的能力，具体表现在以下 3 个方面。

（1）重构研发创新体系

工业互联网平台的开发与应用，不断推动研发参与主体优化与升级，工业互联网平台中的研发参与主体不再局限于研发部门，还涉及企业内部多部门的协作，甚至跨企业跨国家、众创众包，研发流程也不再只是简单低效的串行工作，而是不断地向高效复杂的并行工作演进，积极促进研发效率的提升、研发周期的缩短及研发成本的降低。

（2）引领智能制造变革

工业互联网平台的应用和推广具有明确的方向性和目标性，要求能够快速地响应实时变化的市场，满足市场需求，构建个性化的定制服务和柔性化生产的新体系；要求能够构建全产业链精益的生产体系，拥有成本精细化管理的能力；要求能够构建产品质量全生命周期的在线分析能力与优化能力；要求不断培育网络化协同、分享制造、服务型制造等新业态。

（3）提升智能服务能力

目前，我们正处在一个万物互联的时代，智能机器人得到较为广泛的普及，因此我们应把握机遇，以"数据＋模型＝服务"的理念为基础和支撑，不断促进企业从产品生产商到产品客户运营商的转变，基于实时数据流对新型融资、租赁、保险等业态进行更加精准、便捷、智能的培育，加快构建企业差异化竞争新优势。

加快推动工业设备上云

工业互联网是实现智能制造的重要基础，为了充分发挥工业互联网的作用，促进工业互联网平台快速发展，必须积极推动工业设备上云。

赋能产业生态转型升级

在现代化生产模式下，从原材料处理到生产加工再到包装分拣，每个环节都离不开工业设备。作为制造业企业必不可少的一项生产资料，工业设备的技术水平成为衡量企业生产能力、判断企业数字化转型成果的重要指标。因此，在工业互联网的发展过程中，接入工业设备是非常重要的一个环节，不仅可以丰富平台连接的工业要素，获得更加详细的数据资源，而且可以连接更多制造业企业、设备供应商、平台运营商等主体，为其数字化、智能化转型提供强有力的支持，进而推动整个产业生态实现转型升级。

（1）制造业企业层面

对于制造业企业来说，工业设备上云可以帮助企业提高生产效率，降低生产成本，获得巨大的经济效益。工业设备上云后，设备的运行状态数据、运行环境数据等会实时传输至工业互联网平台。管理人员可以利用这些数据找到闲置的设备，为其匹配需要的用户，解决设备闲置造成的资源浪费问题，同时还可以发现设备隐藏的故障，安排技术人员及时检修，以免因为设备停机而耽误生产进度。

（2）设备供应商层面

从设备供应商角度看，工业设备上云可以推动商业模式创新，主要表现在以下两个方面。

- 第一，工业设备上云之后，工业互联网可以实时收集工业设备在运行过程中产生的各类数据，将这些数据反馈给设备供应商，帮助设备供应商创新服务模式，将"设备发生问题—上门检修"这种传统的服务模式转变为预测性维护，将故障消灭在萌芽状态，充分发挥工业设备的使用价值，打造一种以产品为中心的商业模式。

- 第二，工业互联网可以将收集到的设备数据向设备供应商、企业用户、金融机构等主体开放，加强这些主体之间的协作，创造一些新型服务模式，包括设备融资租赁、设备共享、供应链金融等，形成以服务为中心的商业模式。

（3）平台运营商层面

对于平台运营商来说，工业设备上云一方面可以完善技术支撑体系，另一方面可以完善推广应用体系，具体分析如下。

- 第一，工业设备上云不是将工业设备简单地接入工业互联网，最重要的是对工业设备产生的数据进行采集、整合、传输、处理与应用。推动工业设备上云，有利于工业互联网平台运营商健全数据采集体系及技术支撑体系，解决协议解析、边缘智能等问题。

- 第二，工业设备上云后，工业互联网平台可以得到更多数据，将工业知识、工业经验、工业技术包装成可以复制使用的软件，开发后可以对工业设备的运行状态进行监测，还可以对工业设备故障进行预测并发出报警。

技术要素：数据+模型+应用

目前，工业设备上云仍面临着很多问题，具体表现在以下4个方面。

- 企业还没有形成统一认知，不愿意投入太多资源。

- 工业设备所产生的数据类型较多，对传感器的要求较高。如果传感器能力不足，工业互联网平台很难采集到大规模、高精度的工业设备数据。

- 工业设备的生产厂家不同，类型不同，其使用的数据协议与产生的数据格式也不同，这些数据无法互联互通，发挥不出应有的规模效应。

- 工业设备的数据类型较复杂，数据规模较大，数据处理难度较高，仅凭现有的数据处理模型很难挖掘出数据潜在的价值。

这些问题的解决需要依赖数据、模型和应用这 3 个技术要素协同作用，具体分析如下。

（1）数据

在数据层面，工业互联网平台要综合运用智能传感、设备接入、协议解析、边缘计算等技术，对工业设备的运行状态进行全面感知，实时采集工业设备在运行过程中产生的数据，并借助网络将数据传输至云端进行处理，最终推动数据处理结果落地应用。

（2）模型

工业互联网平台采集到工业设备数据后，可以利用大数据算法模型对工业设备数据进行深入挖掘，对工业知识、工业技术、工业经验进行模块化封装，以软件的形式推广应用，为设备运行状态监测、设备故障预警、设备远程运维等服务的开展提供强有力的支持。

（3）应用

所有的解决方案只有落地应用才能发挥出应有的价值，才能切实解决工业设备领域的各种问题。数据与模型两个关键问题的解决可以促使信息、物料、资金等资源实现跨部门、跨区域流动，颠覆原有的价值创造机制，重塑企业的核心竞争力。

工业互联网平台的落地思路

工业互联网平台的落地要以传统云平台为基础，综合利用物联网、大数据、人工智能等技术，汇聚并整合海量的异构数据，对数据进行建模分析；对工业知识与工业经验进行模块化封装，实现推广应用；开发一系列新型的工业应用，实现以数据驱动的生产决策，颠覆传统的业务模式与商业模式，建立健全产业生态，实现资源的优化配置。

工业互联网平台重构制造生态

（1）重塑产业价值

工业互联网平台可以打破企业的组织边界，将产业链各主体相连接，促使数据在整个产业链上下游流动，消除"信息孤岛"，打造一个无边界组织。例如，中国商飞、中船、长安汽车等企业借助工业互联网平台共享飞机、船舶、汽车等产品的研发数据，颠覆了传统的"A—B—C"的串行研发流程，支持A、B、C等研发环节并行，使研发效率得以大幅提升，研发周期不断缩短，研发成本不断下降。

（2）提升企业服务水平

借助工业互联网平台上各种类型的工业App，制造业企业可以根据自己的需要集成应用，赋予工业设备一定的感知能力及联网控制能力，促使工业设备从普通的生产机器转变为集状态监测、故障诊断、故障预警、健康管理等功能于一体的智能设备。同时，制造业企业可以根据工业互联网平台实时收集的各种数据培育新业态，提高服务水平，从产品生产企业转变为客户运营企业，实现角色升级。

（3）帮助企业创新组织管理

在工业互联网平台的支持下，制造业企业不仅可以重构自己的组织架构，还可以变革自己的生产模式，不断拓展管理对象的范围，将数据、知识、经验及智能生产机器人纳入管理范畴，由机器取代人来完成一系列重复的、标准化的生产工作，同时变革绩效考核体系，将绩效考核的重点从执行力转变为创造力。

工业互联网落地发展思路

（1）数据驱动生产

数据驱动生产是工业互联网的核心思路，工业互联网平台为企业与用户的直接交互疏通了渠道，可以实现数据驱动的个性化定制。在工业互联网的支持下，机器设备可以直接获取用户的个性化需求，并根据其需求自行设计产品、安排生产，高效地开展个性化定制与生产活动。在这种生产模式中，用户对产品设计、生产过程的参与度，生产设备及生产系统的网络化、智能化水平都将得到大幅提升。对智能化生产、数字化制造来说，智能终端的应用是重要基础。随着智能终端实现普及应用，制造业企业的信息化水平将不断提升，数据驱动生产将成为现实。

（2）分层级、分行业地推进工业互联网平台建设

分层级、分行业地推进工业互联网平台建设要做好以下4点。

- 第一，培育工业互联网平台，研究制定工业互联网平台建设与推广应用方案，选择一些跨行业、跨领域的工业互联网平台进行重点培育。
- 第二，鼓励工业企业上云，推动产品研发工具、生产设备及企业的业务系统上云，打造工业互联网平台应用的典型案例，为企业的数字化、智能化转型提供强有力的支持。
- 第三，面向特定行业、特定场景开发一批工业App，对工业知识、工业经验进行软件化包装，实现推广应用。
- 第四，为工业互联网平台的落地应用创造一个良好的测试环境，将工业互联网平台的开发者聚集到一起创建开发者社区，通过举办比赛的方式鼓励开发者基于工业互联网平台打造一些新生态。

（3）促进行业标准协同与集成应用

制造业企业的信息化程度越高，各类工业网络之间的协同效应、集成效应越明显。而工业网络的协同应用有一个很重要的前提条件，就是工业数据的标准化、规范化，因为只有统一标准的数据才能在各个渠道之间顺畅流转。为了在激烈的工业互联网市场竞争中占据有利地位，各制造业企业纷纷开启技术标准的研制工作。

需要注意的是，一些大型跨国企业已经形成了自己的标准和规范，而且随着企业的兼并重组，不同的软件产品可以很好地融合。在这种情况下，国内企业必须加强与上下游企业的合作，不断提高产品的适应能力，满足市场对软件产品集成应用与融合应用的需求。

第11章 工业物联网：开启万物智能时代

工业物联网（Industrial Internet of Things，IIoT）是推动传统工业走向智能化的新技术，它通过在工业生产的各环节融入能够感知和监控的各种设备，运用智能分析、泛在技术等技术，使制造效率和产品质量获得显著提升，从而降低了生产成本，减少了资源浪费。站在应用领域来看工业物联网，实时性、安全性、自动化、嵌入式（软件）、信息互通互联等都是其固有的特性。

工业互联网是一张实现工业间互联互通的网，它用连接起参与工业生产过程的各类人、数据、机器等要素的方法，促进传统工业走向数字化、智能化、自动化、网络化生产，从而使各类生产数据能够流通，实现降本增效。工业互联网要从企业内和企业间两个方面实现互联。企业内互联是指连接了工业设备（物流装备、生产设备、质量检验、能源计量、车辆等）、业务流程、信息系统、企业产品、企业服务和人员，也连接了企业 IT 网络和工业控制网络及车间和决策层。企业间互联是指连接了经销商、供应商、合作伙伴、客户等上下游企业，属于横向互联，企业间互联还指产品全生命周期的互联，连接了设计、制造、销售、使用、维修、报废、回收再生等环节。

工业互联网中包含了工业物联网，企业的信息系统、业务流程和人员等都是工业互联网的子集。工业互联网和万物互联在观念上不谋而合，二者都以深入融合人、流程、数据、事物的方式来提高网络连接的价值和相关性，即在工业领域实现万物互联。工业互联网视域下的工业物联网是推进数字化转型的要素之一。

 ## 工业物联网的关键技术

工业物联网涉及的关键技术主要包括传感器技术、设备兼容技术、网络技术、信息处理技术、边缘 AI 技术、信息安全技术等。

（1）传感器技术

传感器的价格和性能影响着工业物联网的应用，工业物联网需要具备准确、智能、高效、强兼容性的传感器技术来推动其快速发展。从传感器技术的发展历程中我们发现，智能数据采集技术将是一个新的发展方向。工业领域中物联网信息的泛在化需要更高规格的传感器和传感装置。

（2）设备兼容技术

企业通常会在目前工业系统的基础上实施工业物联网的建设工作，因此，若要使工业物联网得到更广泛的应用，企业必须解决原有传感器和新建工业互联网应用的传感器之间的兼容问题。工业传感器之间的兼容主要是指设备的数据格式和通信协议的兼容，设备能否兼容取决于它们是否具备统一的标准。当前广泛应用于工业现场网络总线的 Profibus、Modbus 等协议已经在很大程度上解决了兼容性问题，在这些协议的基础上，许多工业设备生产厂商又研发出各种传感器和控制器等设备用于工业物联网。

（3）网络技术

作为工业物联网的关键组成要素，网络在物联网系统中发挥着重要作用，它能实现数据在系统的各个层级之间的传输。网络包含有线和无线两种，其中，有线网络的数据传输通道具有大带宽、高速率的特点，通常在一些现场总线控制网络、工厂内部的局域网和数据处理中心的集群服务器中发挥作用。工业无线传感器网络是由大量广泛分布的传感器节点组成的，它能借助无线技术实现传感器组网和数据传输，合理使用无线网络技术可以大幅减少工业传感器的布线成本，对扩展传感器的功能有非常重要的作用。

（4）信息处理技术

工业生产的信息量呈爆炸式增长的趋势，如何对这些海量数据进行有效分析、处理和记录成为工业物联网必须解决的问题，而如何为工业生产提供有效的指导也是工业物联网的核心和难题。

目前，大数据处理技术在工业生产中的应用非常广泛。以 SAP 公司推出的 BW[1] 系统为例，其对企业各项业务流程进行实时动态追踪，从而实现优化企业生产计划、项目运营、供应链管理等目标。

随着数据融合技术和数据挖掘技术的不断进步，信息处理变得越来越智能、高效。工业物联网具有泛在感知的特性，可以实现人、机器、车间及企业产业链各环节、全要素的泛在互联。在数据融合的环境下，企业结合自身生产能力与下游实际需求，能够制定更科学的生产决策，优化与降低库存运营成本，实现供应链协同。

（5）边缘 AI 技术

随着智能终端设备的急剧增加，传统云计算在宽带不足的情况下难以负荷终端设备对时效、容量、算力等方面的需求，而边缘 AI 技术则通过将云计算中心的存储、计算资源下沉到网络边缘侧，推动智能应用从云端向边缘迁移，具有传输路径短、反应速度快、时延较低等特点，从而满足制造业在实时感知、敏捷响应、智能决策、海量数据处理等方面的关键需求。

（6）信息安全技术

解决信息安全问题、不断完善网络安全系统，是工业互联网与工业经济深度融合的重要保障。非法入侵者攻击是造成信息安全问题的主要原因，如果通信协议、设备控制系统或其他软硬件设备存在安全漏洞，则容易被非法入侵者利用。非法入侵者攻击手段包括拒绝服务攻击、植入恶意程序、探测预攻击等。目前，随着计算机技术、网络安全技术逐渐成熟，系统中存在的安全漏洞逐渐

1　BW: Business Warehouse 的缩写，是 SAP 公司推出的商务数据仓库系统。

减少，大部分非法入侵者的攻击可以被拦截，工业互联网的安全性得到了显著提升。具体来说，工业互联网涉及的信息安全技术主要包括以下 3 种。

- 入侵检测技术。该技术通过检测日常使用行为、审计数据或安全日志，对可能存在的异常情况或对网络资源和系统的恶意使用行为进行识别、反馈和处理，系统集成了攻击预测、实时响应防御、损失评估等功能，它为网络安全提供了较为可靠的动态保护，与防火墙静态的、被动的防御形成了互补。

- 防火墙技术。该技术是一种部署在网络边界的，对外部网络信息进行过滤与隔离以防止恶意代码入侵的，保护内部网络数据安全的软硬件系统。防火墙通过对进出系统的 IP 数据信息（例如，IP 源地址、IP 目标地址）、协议端口和数据包等信息进行监测、筛选、分析，自动拦截有害信息，从而建立起阻断外部攻击的安全屏障。同时，防火墙可以基于数据分析结果来评价操作系统的安全等级，并提供改进意见。

- 防病毒网关技术。与基于 IP 栈工作的防火墙不同，防病毒网关技术基于协议栈工作，可以监控网络协议通信中的文件是否包括病毒特征，是防火墙的重要补充。工业互联网要求对生产过程进行精准、有效的控制，端口配置更复杂，对软件可靠性、稳定性、兼容性的要求较高。如果按照传统方式在每台工业控制设备上安装防病毒系统，则可能带来较长的适配周期和较高的改造成本，而防病毒网关可以以代理服务器的形式部署，能够很好地解决防病毒软件部署困难的问题。

 ## 工业物联网应用的典型场景

工业物联网是企业开展数字化变革的重要支撑，可以切实提高企业的生产效率，保证产品质量，帮助企业实现节能减排、安全生产。随着工业物联网的不断发展，越来越多的制造业企业开始尝试将其应用于不同的场景。在实践探索的过程中，工业物联网形成了 3 个典型的应用场景，具体分析如下。

数字孪生

数字孪生是利用信息技术、物理模型、传感器等在计算机虚拟空间建立与物理实体对等的仿真模型，通过对物理实体的特征、性能等要素的数字化模拟，企业可以更好地监控、了解和优化业务流程，并实现降本增效和风险控制。数字孪生可以应用在产品研发、智能制造、工程建设等多个领域，例如，在生产流程管理和产线运营上，企业可以构建一个涵盖所有生产流程和设备的虚拟模型，相关生产数据可以实时反馈到数字化系统中，从而实现对生产全流程的监测。同时，企业可以基于对大量数据的分析研究，优化各流程环节，提高生产效率，并建立风险预警机制，使系统自动反馈和处理异常数据，降低可能存在的风险。

供应链管理

工业互联网的应用不仅可以促进资源共享与高效配置，还在供需对接、产业链供应链整体协同等方面发挥着重要的作用。依托于工业互联网平台和大数据、物联网等技术，企业可以实现产业生态中各类资源的共享与调用，这些资源包括政策资源、金融资源、供应商资源、用户资源，以及企业自身拥有的产品、设备、物料等资源。同时，企业还可以构建起覆盖全产业链供应链的服务体系，促进上下游供需精准对接。

例如，徐工汉云为江铜集团打造的智能供应链管理平台，集成了大数据、电子签章、微架构等现代化、数字化技术，使企业的供应链管理向智能化、数字化转型，实现了采购一体化、全流程闭环管控。江铜集团在智能供应链管理平台的辅助下，采购业务与供应商的协同合作更加高效，沟通成本大幅降低，商务沟通中的主动性增强，单据工作量和采购工作量减少，作业效率大大提升。

智能包装

制造商在产品包装中引进物联网传感器，能够获取不同消费者对商品的处理方式和消费习惯等相关信息。物联网传感器还可以追踪到天气、路线等环境变量对产品产生的影响和运输过程中的产品降级等信息。这为重新设计产品包装提供了有效的信息。

 工业物联网赋能制造业企业数字化管理

在物联网的支持下，传感器、控制器等具有感知功能及监控能力的设备可以广泛应用于各个生产环节，实时采集数据并对数据进行智能分析，用数据指导生产，提高生产效率与产品质量，减少资源消耗，最终实现自动化生产、智能化生产。

目前，物联网技术主要应用于生产环节，通过感知生产设备的运行参数，判断生产设备的运行状态，发现设备故障并及时提醒，通知管理人员及时采取处置策略，减少设备因故障而停机的时间；利用各种传感器采集生产现场的数据，对数据进行深入挖掘，发现生产过程中存在的问题，采取有针对性的措施进行处理；还可以对设备运行状况、周边环境的安全状况、作业人员的行为进行实时监控，收集相关信息并对信息进行共享，升级网络监控平台。

工业物联网是企业数字化转型的主要驱动力，可以大幅提升企业资源整合能力、创新能力、市场竞争适应能力，使企业的生产、运营、管理等业务模式向智能化方向转型。

随着大数据、云计算、人工智能等数字技术的发展和工业物联网的深入应用，"智慧"和"互联"将成为企业未来发展的主题之一，主要表现在以下 5 个方面。

- 在运营方面，企业将实现自计划、自组织、自适应、自协调的智能化运营。

- 在产品和服务方面，企业能够快速响应市场需求，实现企业与客户的实时对话。
- 在管理系统方面，产品生命周期管理系统、供应链管理系统、企业资源计划管理系统等智能系统将代替人工高效地完成工作。
- 在企业组织方面，层层递进的管理架构将被扁平化的管理架构取代，实现以知识驱动的精益化管理。
- 在商业模式方面，轻资产、开放式的行业生态将赋能企业商业模式创新。

工业物联网技术或平台在推动企业数字化转型的同时，将为企业带来运营效率、营业收入、组织进化等方面的提升。

- 在运营效率方面，工业物联网平台将赋能企业业务流程运行效率的提升，同时，企业的资源利用率、企业对市场反应的敏捷性将得到进一步提高，其成本结构得到优化。
- 在营业收入方面，基于企业智慧互联的生产方式，"服务型制造"的生产制造模式将进一步发展，推动企业在新型产品或服务、新型营销和渠道、新型拓客方式、新型定价等方面实现增长。
- 在组织进化方面，依托于工业物联网平台，扁平化的组织结构赋予了组织更敏捷、更精益的领导力，员工与团队的自赋能、自驱动得以实现，而组织架构和管理能力的提升又进一步推动企业智能化、少人化新型商业模式的实现。

工业物联网平台的主要作用是促进企业生产方式转变，提高工作效率。企业可以将车间的人、机、料、法、环、测等要素纳入工业物联网系统，实施统筹管理和监控，以提升整个车间的综合运营效率；同时借助人工智能，综合各类生产数据构建自动化的管控系统，赋予其异常数据自动反馈和故障预警等功能，从而降低生产作业的风险。生产方式的转变，将进一步推动产品研发、采购规划、生产排程、运营管理等环节的优化提升，企业业务流程经过监测、控制、优化、自动、智能的发展轨迹，最终实现智能化、自动化、少人化。

工业物联网平台实践路径与案例

工业物联网平台以物联网、大数据、人工智能、5G、边缘计算等新一代信息技术为依托，通过对海量数据进行采集、分析与应用，构建大数据服务体系，保证生产资料实现全面连接、按需供给与智能调度，不断积累生产经验与先进的生产技术，持续创新应用，满足制造业数字化、智能化转型发展需求。工业物联网平台可以实现生产控制，还可以基于大数据服务对生产数据进行分析，对生产过程进行智能管理，满足大规模定制化生产需求。

根据面向的市场类型，工业物联网平台可以划分为 3 种类型，具体分析如下。

面向装备制造业后服务市场的工业物联网平台

装备制造业正处于从"卖产品"向"卖服务"转型升级的阶段，其亟须借助工业物联网平台创新经营模式，拓展业务类型，除为用户提供所需的设备外，也要为用户提供设备维修服务、供应链服务及综合解决方案，不断提高设备的附加值，获取更多的经济效益。

例如，主营可再生能源、氢能、储能等业务的远景集团，在 2016 年 9 月推出了一个能源物联网平台——EnOS。远景集团的 EnOS 平台部署了诸多 App 系统，例如风电场选址、风电场运营、设备运维等，接入了 6000 多万台智能设备，这些设备涵盖了风电、光伏、储能、充电桩、电动汽车等多个领域。

EnOS 平台利用物联网将这些设备连接在一起，支持这些设备之间"对话交流"，还接入了大规模可再生能源，对能源转型产生了积极的推动作用。此外，EnOS 平台还利用横向集成能力为客户提供数据整合服务，帮助客户将分散在各个系统的数据融合在一起后进行开发应用，以更加丰富的视角和维度为企业的数字化转型提供解决方案。

工业物联网在装备制造业后服务市场的应用可以让装备实现远程维护与管理，降低服务成本，提高服务质量，促使有限的资源发挥最大的效用，为装备制造业未来的发展开拓广阔的空间。

面向特色专业的工业物联网平台

工业物联网平台的搭建与运维都需要非常专业的知识，但目前，工业物联网领域的复合型人才还不多，呈现 IT 领域的人才不懂工业制造流程，工业制造领域的人才不懂 IT 的局面。只有在某个行业深耕，掌握行业技术诀窍，才能解决行业的痛点问题。为此，必须聚焦行业痛点问题，根据行业的实际需求研发新技术、创建新模式，形成一批面向特定应用场景及系统的解决方案。

2016 年成立的蘑菇物联是一家通用工业设备"一站式"AIoT SaaS 服务商，核心业务是研发公辅车间（水电气冷热的供应车间）的数智化产品——云智控，其利用物联网与人工智能采集公辅车间的数据，并对数据进行挖掘利用，为决策、控制提供有效支持，帮助企业实现供给与需求的精准匹配，在节省电力、人力的同时提高能源的供应质量与效率。

引入云智控系统后，工厂动力车间的能耗成本可以降低 5% ～ 30%，空压站可以 24 小时不间断地监测设备数据，发现故障提前发出报警，并提醒工作人员及时对设备进行维修保养，还可以借助 AI 算法控制空压机启动或停止。在这些功能的支持下，空压站的管理水平得到了大幅提升，不仅可以稳定地压缩空气，保证空气质量，而且可以大幅降低空气压缩成本。

工业物联网落地应用的一大难题是无法形成通用化产品。蘑菇物联应用物联网的方式是打造一个服务通用型设备，再面向车间节能降耗、设备运维等场景研发相应的软硬件产品，最终快速推广这些产品。

未来，工业物联网平台将在特色专业领域实现进一步推广应用，加速培育新模式、新业态，为行业的创新发展产生积极的推动作用。

面向网络协同制造的工业物联网平台

协同制造早已在飞机制造、汽车制造等领域实现了广泛应用，在工业互联网平台的支持下，协同制造的内涵将更加丰富，还会催生很多新应用。在工业物联网平台的支持下，企业可以利用物联网、大数据、工业云平台协同研发产品，或者实现供应链协同等，从而降低资源获取成本，拓展资源利用范围，提高资源利用效率，实现产业协同，提高整个产业的竞争力。

例如，浪潮云州工业互联网平台支持企业实现内外网络化协同制造，基于设计数据，通过项目管控，对产品设计、采购、生产等业务进行一体化管控，实现产品设计与生产同步，进而实现业务协同。在具体应用的过程中，企业可以在边缘层将生产设备连接在一起，提供安全、可靠的实时工业数据访问能力，借助云平台将数据分发，实现端云协同一体化；通过云化部署支持企业各工厂、部门和供应链上下游企业保持交流和互动，增进供应链各主体之间的联系，实现协同制造；利用大数据分析平台对数据进行深入分析，创建大数据分析模型，用数据驱动运营决策，保证决策的科学性。

中铁工业与浪潮合作搭建的新型网络协同制造平台，可以整合对复杂产品设计的若干个环节，让产品设计与生产实现跨地域、跨部门联动，对物流环节进行协同管理，从而缩短产品设计、生产周期，降低产品生产成本。

第四部分

工业数字孪生

第 12 章　数字孪生：开启工业智能化新图景

 ## 数字孪生：连接数字与物理世界

新一代智能制造贯穿工业产品的全生命周期，将"人—网络—物理"系统作为技术机制，持续深入发展，并将先进的制造技术和智能技术相融合，不仅能减少资源浪费，减轻环境与资源的限制，也大幅提高了制造业的智能化与个性化水平。

近年来，全球工业互联网发展进一步深入，工业领域受其影响产生了一批数字化、网络化、智能化的新模式、新业态。其中，以工业数字孪生为典型代表的新动能逐渐成为学术界与产业界的研究热点，助推工业企业数字化转型。

数字孪生：数字与物理世界的融合

数字孪生是指利用数字化手段，仿照物理世界的实体在数字世界创建一个一模一样的物体，通过这种方式增进对实体的了解，分析与优化实体结构。具体来说，数字孪生是对人工智能、机器学习等技术进行集成应用，将数据、算法与决策分析相结合，建立物理实体的虚拟映射，对物理实体在虚拟模型中的变化进行监控，提前发现问题，对潜在风险进行合理预测，为设备维护提供科学指导的信息镜像模型。

数字孪生技术具有 5 个典型特点，具体分析如下。

（1）互操作性

在数字孪生技术的支持下，物理对象与虚拟对象可以建立实时连接，实现双向映射，彼此之间的动态可以交互。在这种情况下，数字孪生可以借助多元化的数据模型映射物理实体，对不同的数字模型进行合并与转换，建立统一的表达机制。

（2）可扩展性

数据孪生技术支持添加、替换数字模型，从多个层面对模型内容进行扩展。

（3）实时性

数字孪生技术利用计算机能够识别与处理的功能对数据进行管理，将物理实体随时间变化的外观、状态、属性、内在机理等特征表现出来，在数字化的虚拟空间实时呈现物理实体的状态。

（4）保真性

数字孪生技术的保真性是指其对虚拟数字模型的描述与对物理实体的描述十分接近。具体来看，即虚拟的数字模型要在结构、状态、相态、时态等方面与物理实体保持高度仿真。需要注意的是，同一个数字虚体在不同数字孪生场景下的仿真程度可能会呈现较大的区别。例如，在工况场景下，数字孪生只需要描述虚体的物理性质即可，不需要过多地关注化学结构等细节。

（5）闭环性

数字孪生技术的闭环性主要表现为数字虚体与物理实体赋予一个"大脑"，数字虚体可以对物理实体的可视模型和内在机理进行描述，对物理实体的运行状态进行监测，对运行趋势进行推理，为运行参数和工艺参数的优化调整提供科学指导。

数字孪生的演变与发展历程

数字孪生虽然是近几年才流行的概念，但其萌芽可以追溯到 20 世纪 60 年代至 70 年代初美国的"阿波罗"项目。在这个项目中，美国国家航空航天局（National

Aeronautics and Space Administration，NASA）制造了两个一模一样的空间飞行器，一个发射到外太空，另一个留在地球。其中，留在地球的飞行器被称为"模拟器"或"孪生体"，主要用来反映另一个发射到外太空的飞行器的运行状态。NASA 的工程师通过对孪生体进行仿真实验，帮助航天员在紧急状态下执行正确的操作。从这个层面看，孪生体是借助仿真技术对物理实体的运行状态做出实时反映的样机或模型。

2003 年，密歇根大学的迈克尔·格里夫斯教授提出"物理产品的数字表达"这一概念，强调物理产品的数字表达要能够以抽象的方式将物理产品表现出来，能够通过数字表达在真实或模拟的条件下对物理产品进行测试。虽然当时没有"数字孪生"这一说法，但这一概念已经具备了数字孪生的所有功能，即在数字空间创建一个与物理实体相同的虚拟体，支持借助虚拟体对物理实体进行仿真测试。后来，人们将迈克尔·格里夫斯教授的这一理论视为数字孪生在产品设计环节的应用。

从 2010 年开始，数字孪生技术在美国的航空航天行业应用，第一批应用数字孪生技术的企业是 NASA 和美国空军实验室，这得益于航空行业最早基于模型的系统工程建设，各种模型的灵活流转和无缝集成都能借此完成。

2016 年，数字孪生理论首次拓展到制造系统的研发和管理领域，并受到学术界和工业界的广泛关注。2017 年，中国科协智能制造学会联合体在世界智能制造大会上将数字孪生列为"世界智能制造十大科技进展"之一。

最近几年，数字孪生技术在智能制造领域表现出极大的发展潜能，在汽车制造、工程建设、航空航天和机器人制造等行业备受关注。其中具有代表性的企业（例如 GE、西门子等）对数字孪生技术的应用，有助于加快构建数字孪生解决方案，创新赋能工业企业发展。

面向智能制造的数字孪生

数字孪生的最大技术优势在于能够实现物理层和信息层的双向映射，利用高保真仿真模型、数据分析等对现实物理实体进行设计、预测、监控、控制、评估和优化，从而实现信息世界和现实物理世界的交互融合与映射。

工业数字孪生的概念与特征

数字孪生的发展离不开新型信息技术的兴起和工业互联网在多领域的普及与应用。未来，数字孪生在工业领域的应用将会持续深化，成为工业企业数字化转型的强大助推力。工业数字孪生的典型特征见表 12-1。

表12-1　工业数字孪生的典型特征

典型特征	具体表现
全生命周期的实时映射	孪生数字模型和现实物理对象能够进行全生命周期映射，这个映射是实时的，能够持续推进孪生模型的修正与完善
综合决策	通过数据、信息、模型的综合集成进行智能分析，具备高效、高质量的决策能力
闭环优化	数字孪生是一个闭环应用，能够实现对相关物理对象从采集感知、综合决策到反馈控制整个流程的优化和升级

工业数字孪生的核心是集成融合数据和模型，以多种真实机器的数字模型在数字空间中做出的精准数字化映射为支撑，通过物联网数据及时对各类模型进行驱动、优化和修正，建立综合决策能力，为工业全业务流程闭环的优化贡献力量。

工业数字孪生的功能架构

工业数字孪生功能架构主要分为 3 个部分，分别是连接层、映射层和决策层。

（1）连接层

连接层最典型的功能是采集感知和反馈控制，分别位于数字孪生闭环的起始环节和终止环节。依靠多场景、深层次的采集感知功能对现实物理对象进行全方位数据和信息的获取，借助高效反馈控制功能完成对物理对象高可靠性、高质量的决策性执行指令。

（2）映射层

映射层典型的功能有 3 个，分别是数据互联、信息互通和模型互操作，三者在相互区别的同时，又保持着一定的自由交互性。映射层的三大功能见表12-2。

表12-2　映射层的三大功能

功能	具体内容
数据互联	基于工业通信，以便集成现实物理对象的全生命周期数据，这些数据包括研发数据、市场数据、生产数据和运营数据
信息互通	以数据字典、标识解析、元数据描述等功能为支撑，实现相关信息模型构建的统一化，也将物理对象相关信息的描述统一化
模型互操作	将各类刻画物理对象内在规律的模型进行集成融合，其中包括几何模型、数据模型、业务模型和仿真模型

（3）决策层

以连接层和映射层为基础，进行不同等级和阶段的综合决策，例如描述、诊断、预测和处理等，将最终的决策指令传递给物理对象进行驱动执行。

工业数字孪生的意义

2020年5月，美国成立数字孪生联盟，2020年9月23日，德国成立工业数字孪生协会，世界各国都在加快布局数字孪生技术。2020年4月，国家发展和改革委员会、中共中央网络安全和信息化委员会办公室联合印发《关于推进"上云用数赋智"行动 培育新经济发展实施方案》的通知，其中提及"开展数字孪生创新计划"，上海和雄安等地也在城市规划中提出打造数字孪生城市的概念。

全球市场研究公司的一项调研报告显示，全球数字孪生市场将持续保持高速增长，预计到2027年，数字孪生市场规模超过500亿美元。数字孪生的发展潜力巨大，工业数字孪生的发展更是意义深远。

（1）国家层面

目前，我国工业互联网创新发展工程在持续、深入推进和实施，数字化、网络化创新应用不断涌现，数字孪生在我国工业互联网智能化探索过程中发挥着基础方法论的作用，是我国制造业高质量发展的一个关键抓手。

（2）产业层面

我国工业软件产业的进一步发展有望通过数字孪生得以实现。数字孪生极度适应我国工业门类齐全、场景众多的实际情况，能够充分发挥其优势，释放我国工业数据红利。将人工智能技术嵌入相关的工业软件，以数据为基础进行机理模型性能的科学优化，可以实现工业软件快速发展。

（3）企业层

数字孪生的作用具有一定意义上的普适性，无论是在工业的研发还是生产方面，甚至在运维方面，数字孪生都能进行全链条的协同、促进。研发阶段的数字孪生，通过在虚拟空间模拟和验证，能够协助企业在产品研发设计的过程中进行低成本试错；生产阶段的数字孪生，以建立实时联动的三维可视化工厂为支撑，提升工厂一体化管控水平；运维阶段的数字孪生，能够深入结合仿真技术和大数据技术，预测工厂设备可能在什么时候发生故障、发生什么故障，在降低运维成本的同时提升运维的效率和安全可靠性。

 ## 数字孪生与精益制造管理

精益管理是 20 世纪 60 年代由丰田汽车制造公司提出的，以消除一切浪费、创造价值和持续改进为核心，以全员参与、自动防错、尊重员工、重视经验积累、看板拉动式生产和准时生产（Just-in-Time，JIT）物流系统等为主要内容进行精益生产的一种生产管理方式。

现在的精益管理早已作为能提高商业实践效果的成果性理论被应用于千行百业，而不仅仅局限于生产制造领域。回顾精益管理的实践结果，我们发现精益管理是现代制造业的核心竞争优势，也是智能制造的基础。精益管理能够在很大程度上消除浪费并创造价值，也能改善行业现状并大幅提高生产力水平。但精益管理也有一定的局限性，例如，在运用过程中难以解决产品的快速更新换代和生产波动等问题。

许多企业在进行精益管理时进退两难，"小动作"不解渴，"大动作"不敢试。与过去相比，现在的消费者的购买能力大大提升，对产品多样性和个性化的要求也更高，因此制造业企业必须实现批量化的定制生产，这使大规模定制生产成为精益管理需要解决的新问题。而持续发展创新的智能制造新技术为精益管理的优化提供了技术支撑。

数字孪生能把物理世界中的运行情况真实再现到信息世界，在信息世界中运算后，再对物理世界进行评估、预测和控制，使物理系统在最佳的状态下运行。信息世界和物理世界相互作用，形成了"感知—分析—决策—执行"的数字孪生闭环。

精益管理对产品进行全生命周期式的覆盖，渗透工厂设计、产品研发、产品制造、分销服务等流程，力求达到全面的质量管理、流程标准化和消除浪费等效果。智能制造系统中的精益管理利用自动化和准时化等方法对制造的全过程不断进行优化，避免各种浪费，持续提高价值流动效率。运用数字孪生技术可以解除物理因素的制约，在面对各种变化时做到及时响应和实时优化。

一方面，数字孪生技术在应用过程中需要用到精益管理中成熟的管理思想和体系，以及方法工具；另一方面，精益管理的升级创新也要用到数字孪生技术的数字化手段。

精益数字孪生体的应用

精益数字孪生体是一种数字孪生技术应用的新范式，它能借助数字孪生技术对企业的运营系统进行预测、仿真、评估、优化、监控和控制，对企业的全价值链和产品的全生命周期流程进行管理，从而使智能制造在整体上获得提升。

数字孪生以建模仿真为核心，以技术为关键支撑。实现数字孪生的第一步是把实体系统分割成许多子系统，并对系统对象的属性和对象间的关系进行分析；第二步是以物理对象的功能为基础，设计行为逻辑和建立仿真模型；第三步是将模型融合，检查模型的现实满足情况和精度。

数字孪生在精益管理的过程中要借助精益方法工具对建模对象进行划分，并从精益管理的内容出发进行模型顶端逻辑设计，使系统能够按照持续优化、减少浪费、提升价值的管理模式运行，最后根据精益管理目标来评价系统运行的效果。为了使数据能够按需、按量进入系统，减少数字浪费，在数据实时感知的过程中也要借助精益管理的思想和方法对整个感知数据进行管理。

具体来说，精益数字孪生体以 PDCA[1] 闭环管理为基础，共包含 3 个层级。精益数字孪生体的层级见表 12-3。

表12-3 精益数字孪生体的层级

层级	具体内容
物理实体层	包括智能工装设备、人员和现场活动，承担现场精益管理和现场生产数据的智能自动采集工作
虚实交互层	在整个框架中具有承上启下的作用，负责收集、处理并传输物理实体层的数据信息，接受并传达数字模拟层下发的指令信息，控制物理实体层实施
数字虚拟层	由数字孪生和精益管理两个部分组成。数字孪生部分能够基于物理实体建模仿真，进行监控、预测、评估、优化、控制，并将得出的优化控制信息交给下一层执行；精益管理部分能够为数字孪生的建模仿真和决策优化提供支撑，并对企业（包括服务、物流、制造、设计、研发等全价值链）实施精益管理

精益设计方法和要求将对产品设计进行指导，数字孪生技术则为其提供完整的"数字足迹"，采用构建产品虚拟设计空间的方式提高产品迭代优化的速度，缩减成本，缩短产品设计周期。

在精益生产体系下开展的产品制造阶段中，需要数字孪生提供大数据实时优化决策支持，以提高生产系统中关键的绩效指标。在数字孪生技术的数据服务、模型服务和算法服务的支持下，精益多功能服务团队能够有效实现客户的个性化管理，提高服务业务的运行效率。这个应用框架中的数字孪生技术不仅能实现对产品整个生命周期的数据的精益感知映射，也可以促进下一代产品的精益创新，加快企业精益能力的提升速度。

---

1 PDCA（Plan、Do、Check、Action，计划、实施、检查、处理）。

第 13 章　体系架构：工业数字孪生关键技术

工业数字孪生不是一项近期才诞生的新技术，而是一系列数字技术的集成融合和创新应用，涵盖了四大技术，分别是数字支撑技术、数字线程技术、数字孪生体技术和人机交互技术。其中，数字支撑技术和人机交互技术是基础技术，数字线程技术和数字孪生体技术是核心技术。

数字支撑技术

数字支撑技术集数据获取、传输、计算、管理等功能为一体，是数据孪生能够高质量开发和利用相关数据的基础支撑，技术类型涵盖范围广泛，例如，采集感知技术、工业控制技术、数字纽带技术等。

采集感知技术

在数字孪生模式下，数字孪生体与物理实体之间的映射与交互离不开采集感知技术的支持。为了创建一个覆盖全域、全时段的物联感知体系，从多个维度与层次对物理实体的运行状态进行精准监测，采集感知技术不仅需要集成更准确、可靠的物理测量技术，而且要促使各类感知数据实现协同交互，精准界定物体的空间位置，保证设备的可操控性。

采集感知技术的持续发展和不断创新，推动了数字孪生蓬勃发展，协助设备对相关物理对象进行更深入的数据获取。

传感器不断朝着微型化发展，可以被嵌在相关的工业设备中，实现更深层次的数据采集。就目前而言，微型化传感器的尺寸能够达到毫米级，甚至更小。例如，GE 公司研发的嵌入式腐蚀传感器能够实时显示压缩机内部的腐蚀速率。

多传感器融合技术快速发展，能够实现单个传感器的多类型数据采集，促进分析决策水平的提升。例如，第一款 L3 自动驾驶汽车奥迪 A8 的自动驾驶传感器上搭载了 7 种传感器，包括毫米波雷达、激光雷达、超声波雷达等，这些传感器提高了汽车决策的速度和准确性。

工业控制技术

工业控制技术又称为工厂自动化控制，是指通过对计算机、微电子等技术进行集成应用，对生产、制造等环节进行自动化改造，从而提高生产制造效率，提升整个生产过程的可视化水平，保证整个生产过程可控。

迄今为止，工业控制技术发生了 3 次变革，第一次变革发生在 20 世纪 60 年代，以直接数字控制的应用为代表；第二次变革发生在 20 世纪 70 年代，以集散控制系统的应用为代表；第三次变革发生在 20 世纪 80 年代，以现场总线控制系统的应用为代表，在这个过程中还出现了数据采集与监控系统（Supervisory Control And Data Acquisition，SCADA）。在 SCADA 的作用下，人与机器可以自主交互，例如，将施工现场的状态以图文形式呈现；对现场的开关、阀门等部件进行操控；还可以通过 Web 服务器将数据发布到互联网，从而对生产过程进行监控。

数字纽带技术

数字纽带技术是指在整个生命周期内为数字孪生体提供数据访问、整合与转换能力，促使数据实现追溯、交互、共享与协同的技术。在数字孪生系统构建的过程中，数字纽带技术是一项关键技术。在该技术的支持下，工业互联网平台不仅可以对零件、设备、生产线、工厂、城市等进行静态物理坐标建模复刻，还可以对行为流程逻辑进行映射，在虚拟世界完成对物理实体的描述、预测、诊断与决策。数字纽带技术可以打通多条数据链，消除"信息孤岛"，促使价值链中的关键业务信息开放共享。

 数字线程技术

数字线程技术能够将不同类型的数据和模型格式屏蔽，实现全类数据和模型的快速流转和无缝集成。数字线程技术的核心是实现多视图模型数据的融合。在数字孪生的概念模型中，数字线程被视为模型数据融合引擎和一系列数字孪生体的结合。在数字孪生环境下，数字线程的实现要满足的要求见表13-1。

表13-1　数字线程的实现要满足的要求

序号	要求
1	必须能对类型和实例做出明确区分
2	支持需求及其分配、追踪、验证和确认
3	支持系统跨时间尺度各模型视图间的实际状态记录、关联和追踪
4	支持系统跨时间尺度各模型间的关联和时间尺度模型视图的关联
5	记录各种属性及其值随时间和不同的视图出现的各种变化
6	记录作用于系统和由系统完成的各种动作
7	明确使能系统的属性与用途，并将其记录下来
8	记录与系统和使能系统有关的文档和信息

数字线程技术要想实现信息自由交互，必须在整个生命周期内使用同一种语言。例如，在概念设计阶段，负责产品设计与制造的工程师要创建动态数字模型，并对该模型进行共享，以模型为基础生成产品加工、质量检验等环节需要的可视化工艺、验收规范与数控程序，对产品生产过程进行优化，并使各个生产环节的数据保持同步更新。

工业企业引入数字线程技术之后，可以对系统在整个生命周期内的能力变化进行跟踪评估，在开发产品之前使用仿真技术与方法发现系统在性能方面的缺陷，提高产品的可操作性与可制造性，做好产品质量控制与预测性维护。

数字线程技术主要分为正向数字线程技术和逆向数字线程技术。

正向数字线程技术

正向数字线程技术以基于模型的系统工程为代表，在数据和模型构建初期便以统一建模语言为基础，对各类数据和模型的规范加以定义，提前为全类数据和模型在数字空间的集成融合打下坚实的基础。

逆向数字线程技术

逆向数字线程技术以管理壳[1]技术为代表，它针对数字孪生打造了数据、信息、模型的互联、互通、互操作的标准体系，能够逆向集成已经定型的相关规范的数据和模型，构建有关虚实映射的解决方案。

例如，在信息互通和数据互联方面，德国将信息模型内嵌于 OPC-UA 网络协议中，使通信数据格式的一致性得以实现；在模型互操作方面，德国以戴姆勒 Modolica 标准为支撑，开展多学科联合仿真。

 # 数字孪生体技术

数字孪生体是数字孪生物理对象在虚拟空间中的映射和表现，能够分析和优化物理实体。数字孪生体技术体系重点围绕模型构建技术、模型融合技术、模型修正技术及模型验证技术进行创新和应用。

模型构建技术

模型构建技术在多个方面进行创新，例如几何建模、仿真建模、数据建模、

---

1 管理壳是一种遵循各种相关标准，对工业 4.0 组件的资产特性及技术功能进行数字化描述的一种壳式管理软件，可用软件平台来查询、读取自我描述式的数字化"资产说明书"，资产由此变得可管理、可操作。

业务建模等，以提高虚拟数字空间对相关物理对象的形状、行为和机理进行刻画的效率。

（1）几何建模

几何建模以 AI 创成式设计工具为支撑，切实提高产品设计效率。以上海及瑞工业设计有限公司为例，该公司依托创成式设计，协助北汽福田汽车股份有限公司设计转向支架和前防护等零部件。该公司先使用 AI 算法优化产生了百余种设计选择，再依据用户的具体需求进行综合性对比，将零部件数量从 4 个减少为 1 个，重量只有原来的 30%，最大应力也减小了 18.8%。

（2）仿真建模

无网格划分技术的应用与融合降低了仿真建模时间。例如，Altair 以无网格计算为基础，对求解速度进行优化，能够不借助网格划分在几分钟内对全功能计算机辅助设计（Computer Aided Design，CAD）程序集进行分析，弥补了传统仿真中几何结构简化和网络划分时间长的缺陷。

（3）数据建模

在 AI 技术的协助下，传统统计分析的数字孪生建模能力得以加强，例如，GE 公司利用迁移学习的方式提高了新资产设计的效率，将航空发动机模型开发速度和模型再开发精度提升到一个新层面，确保虚实精准预测。

（4）业务建模

业务模型构建速度的快速提升得益于业务流程管理、机器人流程自动化（Robotic Process Automation，RPA）等相关技术的支持和应用。以 SAP 推出的业务技术平台为例，该业务技术平台以原有的 Leonardo 平台为基础，将 RPA 技术投入应用，形成了"人员业务流程创新—业务流程规则沉淀—RPA 自动化执行—持续迭代修正"的完整方案，协助业务建模。

模型融合技术

在多类模型构建完成之后，需要建立更加完整、精确的数字孪生体，对多类模型进行拼接和融合，因此模型融合技术在这一过程中所发挥的作用是不可替代的。模型融合技术主要包括跨学科模型融合技术、跨领域模型融合技术，以及跨尺度模型融合技术。

（1）跨学科模型融合技术

借助跨学科的联合仿真技术，加快构建更完整的数字孪生体。苏州同元软控信息技术有限公司将多学科联合仿真技术应用于航天事业，为"嫦娥五号"的能源供配电系统量身定制了精确度高达 90% ~ 95% 的"数字伴飞"模型，有利于"嫦娥五号"飞行程序的优化，协助"嫦娥五号"的能量平衡分析和在轨状态预示，还能及时对相关故障进行分析和提示，为"嫦娥五号"完成飞行任务发挥了重要作用。

（2）跨类型模型融合技术

实时仿真技术的运用使数字孪生体从传统的静态描述逐渐演变为数字化的动态分析。例如，由美国 ANSYS 公司与 PTC 公司合作构造的"泵"孪生体就是实时仿真分析中较为成功的案例。该案例以深度学习算法为基础，进行计算流体运动力学软件训练，获得流场分布降价模型，节省了仿真模拟的时间和精力。

（3）跨尺度模型融合技术

构建一个复杂的系统级数字孪生体，离不开宏观和微观不同尺度模型的融合。例如，西门子不断优化汽车行业 Pave360 解决方案，整合传感器电子、车辆动力学和交通流量等方面的知识，以管理不同尺度的模型，构建系统级汽车孪生体，全方位研究和制定从汽车生产、自动驾驶到交通管控的解决方案。

模型修正技术

模型修正技术包括数据模型实时修正和机理模型实时修正。该技术依赖于实际运行数据，根据相关数据不断修正模型参数，保证数字孪生高精度地更新迭代。

（1）数据模型实时修正

从 IT 的视角来看，在线机器学习对相关模型精度的提高和统计分析的完善是以实时数据为支撑的，如同一些流行的 AI 工具（例如，TensorFlow、Scikit-Learn 等）都嵌入了在线机器学习模块，以此在实时数据的基础上动态更新模型。

（2）机理模型实时修正

从 OT 的视角分析，以实验或实际测量数据为基础的有限元仿真模型修正技术能够实现对原始有限元模型的修正。例如，达索、美国 ANSYS 公司、MathWorks 等厂商都具备有限元模型修正接口或模块的有限元仿真工具，支持用户基于相关实验数据对模型予以修正和完善。

模型验证技术

模型验证技术是数字孪生模型中的最后一环。数字孪生模型从构建到融合、修正，必须通过相关的验证才能够投入实际的应用。当前，模型验证技术主要分为静态模型验证技术和动态模型验证技术。借助已有模型的准确性评估和验证，能够提高数字孪生在具体应用中的安全性和可靠性。

 人机交互技术

人机交互是人与计算机之间使用某种语言进行信息交换的过程，这个过程需要通过人机交互界面来实现。人机交互界面是人与数字模型交流互动的可视化界面。通过这个界面，人可以了解数字孪生体的运行状态，可以对数字孪生体进行操控，完成对物理实体的控制。

人机交互有两项关键技术，一是数字可视化展示技术，二是虚拟现实技术。其中，数字可视化展示技术主要用来处理数据，将其转化为可视化、可交互的高清图形或图像，支持人们通过控制数据实现对数字孪生体与物理实体的操控；虚拟现实技术借助计算机、人工智能、传感、仿真等技术，创建一种基于运算平台模拟的三维虚拟世界，提供视觉、听觉、触觉、嗅觉、味觉等感官的模拟，从而让用户有身临其境之感。

数字可视化展示技术

数字可视化展示是指利用计算机图形学和图像处理技术，将数据转换为图形或图像，通过屏幕显示出来，支持用户进行交互处理的理论、方法与技术。一般来说，常见的可视化应用形态主要有以下 3 种。

（1）科学可视化

科学可视化是一个跨学科研究与应用的领域，主要是利用计算机图形学创建视觉图像，帮助人们理解一些以复杂的数字呈现的科学概念或结果，重点关注建筑学、气象学、医学等领域各种三维现象的可视化，包括对体、面、光源进行逼真渲染，以及对某种动态进行详细描述。

作为众多科学技术工作的一个构成要素，科学可视化通常要对科学技术数据和模型进行解释、操作与处理。科学工作者通过对数据进行可视化处理，发现其中的特点、关系与异常情况，帮助人们更好地理解数据。

（2）信息可视化

信息可视化是以直观的方式将抽象的数据表现出来的一种技术，这里所说的抽象数据包括数值数据和非数值数据，其中，非数值数据包括文本信息、地图信息等。信息可视化通过对图像处理、人工智能等技术进行综合应用，帮助人们对各类数据进行深入分析，加深人们对数据的理解。信息可视化与科学可视化的不同之处在于，信息可视化的主要任务是处理抽象的数据，帮助人们更好地理解复杂的数据信息。

（3）三维组态可视化

随着工业自动化快速发展，人们对工业自动化提出了越来越高的要求。三维组态可视化为传统工业控制烦琐、控制难等问题提出了有效的解决方案。

三维组态可视化是以抽象化的方式对三维模型进行处理，将其转化为可以实现数据驱动的模型对象结构，然后通过定义模型，实现数据绑定等驱动模型的精准运转。在三维组态可视化的支持下，单体三维模型对象可以在数据的驱动下发生改变，能够在三维可视化空间对物理实体的运行状态、运行效果进行模拟仿真，支持用户根据自己的控制目的对模型对象进行任意组态属性绑定并实现可视化。

VR/AR技术

VR/AR 技术能够带来人机交互模式的全新体验，将几何设计与仿真模拟相互融合，实现数字孪生的更高阶可视化。

在 AR 与 CAD 技术结合的应用领域，西门子旗下的钣金模型设计软件——Solid Edge 2020 增加了一项增强现实功能，可以直接以 OBJ 格式导入 AR 系统，不需要转换，方便快捷。

在 AR 与三维扫面建模结合的应用领域，PTC 旗下的 Vuforia Object Scanner 支持三维模型扫描，并将扫描结果转换为可以用 Vuforia 引擎查看的格式。

在 AR 与仿真技术结合的应用领域，西门子将虚拟—现实三维模型创建系统 COMOS Walkinside 与 SIMIT 工业自动化仿真软件相结合，极大地缩短了系统的调试时间，提高了工厂开展工程的效率。

在虚拟现实技术的助力下，人们可以在虚拟世界享受到与物理世界近乎一样的感官体验与操作体验。不同之处在于，人们在虚拟世界可以掌握很多"特异"功能，例如，隔空取物、穿越时空、改变自身的大小等，可以将数字孪生体的作用发挥到极致。

在物理世界，ERP、PLM、MES、SCM 等应用系统可以让城市、工厂、物流等社会系统与技术系统发挥出最大的价值，这些应用系统还可以迁移到数字孪生世界，甚至可以在数字孪生世界完成合并，形成一个完整统一的系统，不再作为一个个独立的系统以彼此割裂的形式存在。

第14章　数字孪生在智能制造中的应用场景

 设备层：创建虚拟样机模型

数字孪生技术在设备层的典型应用是创建虚拟样机模型，提高现场调试效率，缩短产品研发周期。一般来讲，单机设备研发与制造要经过5个阶段，一是设计研发方案，二是设计机械，三是设计相关的程序、电气、软件，四是进行现场调试，五是交付使用。

在设计研发阶段创建一个虚拟样机，将机械设计与程序、电气、软件设计这两个阶段合并，同步完成，并在虚拟环境中验证设备功能，发现问题后及时利用模型进行修正。如果研发人员在虚拟实验环节发现设备的机械手存在问题，可以及时改变机械手的外形，调整输送带的位置，改变工作台的高度，再次进行仿真实验，保证机械手可以准确地执行抓取任务。虚拟调试完成后，研发人员要将最终的虚拟样机完整地映射到实际设备中，为机械设备的现场调试提供科学指导。具体来看，虚拟样机的创建流程如下。

- 第一步：创建数字模型。在设计机械阶段，研发人员利用市场上常见的CAD软件尽可能真实、准确地创建设备的数字模型，包括设备的外观形态、零件尺寸、安装位置等，完成"形"的设计。

- 第二步：创新虚拟信号。研发人员利用 CAD 软件创建的模型是静态的，而现实生活中的设备会实时发生变化。因此，研发人员要利用运动仿真软件对设备的运动组件进行定义，模拟设备的运动轨迹、运动范围、运动速度、旋转角度等，保证虚拟模型与现实设备的运动姿态保持一致，完成"态"的设计。

- 第三步：信号连接。研发设计人员利用软连接或硬连接的方式将 PLC 程序中的 I/O 信号与虚拟信号连接在一起，执行 PLC 程序运行任务，与上位机的控制界面一起对虚拟信号进行校准。这里的软连接是指利用 PLC 的虚拟仿真功能，实现软件之间的通信；硬连接是指利用以太网的 TCP/IP，实现硬件与软件之间的通信。

- 第四步：虚拟调试。研发人员在计算机上对设备生产的全过程进行模拟，创建机器人单元模型，然后根据产品的制造工艺，在虚拟世界中对产品设计的合理性进行验证。

 产线层：生产线可视化模拟

数字孪生应用于产线层可以解决困扰产线设计的最大难题——产线验证。因为产品的生产过程比较复杂，要经历多个工序，必须对每个工序输送系统的速度、加速度、间距等参数进行验证。只有所有的参数准确无误，才能保证产品正常产出。参数验证及产线调试需要在设备安装好之后进行，整个过程耗时极长、效率极低。但借助数字孪生技术，技术人员可以对整个工艺流程进行仿真，将产线映射到虚拟的数字空间，对设备安装、测试工艺进行仿真，在数字空间完成对各环节生产参数的验证及产线的调试。

技术人员要记录数字空间调试产线的结果，对实际产线安装过程进行指导，提高产线的安装效率，降低产线的安装成本，还可以根据机器调试过程中产生的数据对机器能耗、产能等参数进行调整，优化生产过程。基于这一功能，企业可以利用数字孪生技术打造智能产线，开展柔性化生产，满足消费者个性化、定制化的需求。

在实际生产过程中，若工厂利用现有的产线加工生产新产品，则需要进行首件测试，在测试过程中可能要调整参数、更换零件，整个过程需要消耗大量时间，效率极低。数字孪生技术可以将首件测试放到虚拟空间进行，对现有产线生产新产品的可行性进行验证，提前发现可能出现的问题，并更换零部件，优化整个控制程序，将产线调试到最合适的状态；完成调试后，再按照调试结果对现实产线进行调整，快速打造一条新的生产线。

数字孪生在产线层的应用需要注意以下 4 点。

- 利用数字孪生技术面向现实物理设备打造的虚拟模型需要集中在同一个虚拟空间，这就对计算机硬件设备的性能提出了较高的要求。如果计算机硬件设备的性能不足，则会导致无法导入模型，而模型导入效果及优化处理效果是产线层的数字孪生能否正常运行的关键。

- 技术人员想要让静态的产线数字孪生模型在虚拟空间运动起来，需要在虚拟空间创建重力场，赋予产线模型一些必要的物理属性，例如，质量、气压、摩擦、惯性等。只有产线模型"动"起来，技术人员才能对其进行验证，提前发现异常的部件、错误的参数等，制定合理的处理措施，提高产品的调试效率，让产线尽快达到生产要求。

- 如果设备使用的 PLC 的控制程序出自不同的厂家，则技术人员要开发通用的通信接口，对设备运行过程中产生的信号数据进行收集整理，传输到中央控制系统数据库，由数据库对信号进行统一配置，以驱动各个设备的数字孪生模型运转。各个生产环节的视觉控制系统、机器人控制器单元需要将检测信息与设备的位置状态信息进行模数变换，利用上位机数据库驱动虚拟机器人运行。

- 数字孪生在产线层的落地应用对网络集成能力与网络协同能力提出了较高的要求，需要利用云计算技术对设备运行数据、易损件使用次数等进行统计分析，判断各个设备的运转节拍与设计时序是否吻合，对各个关键指标数据进行实时监控，实现对设备的远程运维与管理。

 ## 工厂层：虚拟化、数字化工厂

数字孪生技术应用于工厂层，可以在数字孪生设备与产线的基础上创建数字孪生工厂，对物流控制系统进行集成，对计划、质量、物料、人员、设备等环节进行数字化管理，创建一个真正意义上的数字化工厂。

数字化的物料管理是数字化工厂建设的重要环节，支持管理人员通过数字孪生平台直接查看物料编号与数量，促使物料出库、入库与盘点等环节实现数字化、智能化。在数字孪生技术及 MES 的支持下，技术人员可以采集 MES 中的数据，驱动虚拟物料及 AGV 的移动，促使现实世界的工厂与虚拟的数字化工厂实现同步运行。

如果工厂设备在运行过程中出现问题，发出报警，则数字孪生平台可以快速确定故障设备的位置，并且支持技术人员通过智能手机或计算机远程查看设备的运行情况，平台的预警功能会根据各个零部件的使用寿命提醒技术人员及时更换零部件，避免零部件在运转的过程中发生故障导致设备停机，从而影响整体的生产效率。

除了做好设备的运维管理，工厂管理人员还要了解具体的生产规划及生产规划的执行情况，从而实现高水平的智能制造。管理人员要收集生产环节产生的各类信息，根据这些信息指导产品设计，将产品生产规划与执行环节串联在一起，形成闭环，然后利用数字孪生技术将虚拟世界与物理世界相连接，对 PLM 系统、制造运营管理系统及生产设备进行集成应用。

在生产计划成形后，管理人员要利用数字孪生模型制定详细的作业指导书，与生产设计过程建立连接。一旦作业指导书发生更改，相应的生产环节也会随之改变，这样便能从生产环境中收集与产品生产过程有关的数据与信息。此外，管理人员还可以利用大数据技术对生产设备运行过程中产生的质量数据进行收集，将这些数据渗透在数字孪生模型中，对设计环节与制造环节的结果进行对比，判断二者是否相同。如果二者存在差异，则要找到产生差异的具体原因及解决方案，保证整个生产过程完全按计划进行。

数字孪生工厂是在数字孪生生产线的基础上，通过与 MES、ERP 的数据通信，结合智能仓储模型与 AGV 模型在工厂的运动轨迹上创建的，可以实时显示物流系统的运行数据及自动化设备的运转数据。

随着数字孪生技术不断成熟，其在智能装备制造领域将实现深度应用，也将对智能工厂建设产生积极的推动作用。在智能工厂建设涉及的各类技术中，数字孪生技术是一项关键技术，可以对实体设备与生产线进行虚拟仿真。在大数据、云计算等技术的不断发展和支持下，数字孪生技术不仅可以用于打造数字化的设备工序，还能打造数字化的流程系统，通过反复的模拟计算创建数据资源库，利用深度学习技术实现数字孪生对产品实际生产过程的自适应、自决策，以便在生产需求、生产场景发生变化时，可以自动调整生产流程，打造一个真正的智能化工厂，实现工厂的自动生产、无人生产。

生产层：基于数字孪生的 PLM

目前，数字孪生技术的一个很重要的应用场景就是生产制造。近年来，消费者的需求愈发个性化、多元化，制造行业面临的市场竞争愈发激烈，制造业企业需要不断缩短新产品的研发周期，控制产品制造成本，提高产品质量，与同类企业开展差异化竞争，只有这样才能实现持续稳定的发展。

此外，制造业企业还面临以下问题。一方面，新产品研发、生产周期比较长，如果依然采用"以产定销"模式，无法推广"按需生产"模式，也就无法更好地满足消费者多元化、个性化的需求；另一方面，制造业企业在产品研发与创新领域投入了大量的人力、物力，却无法保证在现有的技术条件下，产品能够顺利地生产出来。因为新产品生产可能涉及新技术、新工艺、新设备、新生产线，制造业企业如果在投入生产之前不对新产品制造的可能性做出准确评估，则可能会面临巨大的损失。

制造业企业想要解决上述问题，最好的办法就是借助数字孪生技术创建数字化工厂。基于产品在整个生命周期的数据，在虚拟环境中对产品生产的全过程进行仿真、优化，通过构建虚拟模型对产品生产的全过程进行模拟，借助虚拟模型对现实工厂内的机器、设备进行数字化操作，对生产系统进行快速配置，提高产品生产效率及资产的利用率，尽量避免停机事故的发生，从而提高产品生产过程的灵活性。

数字孪生技术与 PLM 理念非常相似，贯穿了产品整个生命周期。从某种程度上说，数字孪生技术极大地拓展了 PLM 理念的应用范围，将其从产品设计阶段拓展到产品全生命周期。数字孪生以产品为主线，在产品整个生命周期的不同阶段引入不同的要素，形成不同的表现形态，具体分析如下。

设计阶段

制造业企业将数字孪生技术引入产品设计阶段，可以切实提高产品设计的准确性。数字孪生在设计阶段的两大功能见表 14-1。

表14-1 数字孪生在设计阶段的两大功能

功能	具体应用
数字模型设计	数字孪生技术支持产品研发与设计人员利用 CAD 软件来开发产品虚拟模型，将产品各项物理参数准确地记录下来，以可视化的形式呈现，并借助各种方式对产品设计的精准度进行检验
仿真	数字孪生技术支持产品研发与设计人员借助仿真实验对产品在不同外部环境下的性能和表现进行检验，对产品的适应能力进行验证

制造阶段

制造业企业将数字孪生技术引入产品制造阶段，可以提高产品设计质量，降低产品生产成本，加快产品交付速度。数字孪生应用于产品制造，即利用数字化的方式搭建一条虚拟的生产线，促使产品的数字孪生与生产设备、生产流程的数字孪生实现高度集成，最终构建一条数字化的生产线，实现生产流程仿真。数字孪生在制造阶段的两大功能见表 14-2。

表14-2 数字孪生在制造阶段的两大功能

功能	具体应用
生产流程仿真	在产品生产之前，制造业企业可以利用数字孪生技术与虚拟生产的形式对不同产品的生产流程，以及同一产品在不同外部环境、不同参数环境下的生产流程进行仿真，预测产品在生产过程中可能遇到的问题，提高新产品生产的速度与效率
数字化生产线	制造业企业利用数字化的方式将原材料、生产设备、生产工艺、生产工序等要素连接在一起，集成在一个紧密协作、可以实现自动化生产的流程中，自动完成在不同条件组合下的操作，将生产过程中产生的各类数据记录下来，为之后的产品分析与优化提供科学依据

服务阶段

随着物联网技术的不断发展，传感器的成本不断下降，制造业企业为很多工业产品安装了传感器，用来收集产品在运行过程中产生的各类数据，通过数据分析预测产品故障，降低产品使用风险，带给用户更好的使用体验。数字孪生在服务阶段的两大功能见表 14-3。

表14-3 数字孪生在服务阶段的两大功能

功能	具体应用
优化客户的生产指标	如果制造业企业的产品生产对工业设备的依赖度较高，那么产品生产质量与生产周期将深受工业设备参数设置的合理性及工业设备对生产环境的适应能力的影响。为了优化工业设备的参数配置，提高产品生产效率，保证产品质量，工业设备厂商可以利用数字孪生技术收集大量的数据，面向不同的应用场景、生产流程创建经验模型，为调整设备参数提供科学依据
产品使用反馈	工业产品制造商可以利用数字孪生技术收集智能化工业产品在运作过程中产生的各类数据，帮助用户在最短的时间内了解产品，掌握产品使用技巧，减少人为错误使用引发的故障，提高产品参数配置的合理性，精准地把握用户对产品的真实需求，降低研发决策失误率

第五部分

5G+智能工厂

第 15 章　5G+智能工厂：搭建数字化解决方案

 智能工厂的六大核心要素

作为智能制造的重要实践领域，智能工厂反映了信息技术和制造业的深度融合。简单来说，智能工厂就是将工厂生产要素、生产资源、生产操作、生产管理、生产制造等环节高度协同，以先进的信息网络技术为驱动，实现整个业务流程上下一体化运作的自动化、智能化生产。

与传统工厂相比，智能工厂以互联网为载体，通过传感器、大数据、云平台等多种方式实现机器、人、产品和工厂之间的互联互通；智能工厂以机器生产代替人工生产，降低了劳动强度，提高了生产效益，节省了能源和成本；智能工厂是数字化工厂，实现了数据分析、定位识别、物流和设备等方面的数字化；同时，智能工厂掌握了庞大的数据群和信息库，统计、分析和归纳各类信息，可实现企业之间的信息共享、高效协作和资源配置。

在智能工厂中，一个典型的制造执行车间主要由生产环境、物料供应、PLC、生产设备、MES 和人六大核心要素构成。

（1）生产环境

生产制造所处的现实环境主要涉及温度、湿度、光照、灰尘、有害气体、循环风速等。

（2）物料供应

生产制造所需的物料包括存储物料的载体和运送物料的设备，运送物料的设备有叉车、AGV等。

（3）PLC

PLC介于MES与生产设备之间，包括中央处理单元、存储器、输入单元、输出单元、电源等部分，也包括各种外部设备，例如打印机、计算机、编程器等。PLC通过输入、输出控制生产的过程。MES控制产线PLC，产线PLC控制站点PLC，单个站点PLC又控制单个作业单元设备，对接机器人、阀门、传送带和I/O模块。

（4）生产设备

生产设备由自动化机械设备和其他设备组成。自动化机械设备是指由站点PLC控制的生产设备，包括数控机床、机械臂、流水线等。其他设备则是不需要PLC控制的相关生产设备，包括仪器、工具、安全配套等。

（5）MES

传统车间的顶层执行管控系统，一般用于车间的计划排程管理、生产调度管理和库存管理等，主要由MES构成，MES通常会集成数据采集与监控系统等传统的制造执行信息系统。后来，随着时代的进步和物联网的不断发展，一些新型的管控系统应运而生，例如，AGV调度控制、生产设备预防性维护、环境检测管理等，弥补了MES的缺陷和不足，使车间的MES更加智能化、系统化。

（6）人

传统车间的生产与制造离不开人的干预，智能化、自动化车间亦是如此。在生产制造的过程中，车间机器人设备的试行需要人工辅助，复杂生产设备需要人工定期清查，生产环节出现重大问题需要人工排查、分析、处理。

 智能工厂的系统架构

智能工厂主要由智能工厂硬件、智能生产管理系统和精益运行管理系统3

个部分构成。智能工厂硬件主要由生产活动所需的各类资源和用于生产的基础设施组成；智能生产管理系统涵盖的内容比较丰富，主要包括数字化工艺、自动化物流、智能生产与调度系统、数字化检测、智能设备维护、智能生产管控；精益运行管理系统包括各种精益管理工具。

智能工厂硬件

在智能工厂硬件中，用于生产的基础设施主要包括智能化装备与生产线、智能物流与仓储设施、数据采集装备，这些基础设施要遵循精益生产的思想，借助仿真技术与数字化工艺进行合理布局，对各个功能区进行科学划分，构建可以快速响应、灵活调整的生产线，促使人员、设备、生产资料等生产资源得以优化配置，切实提高这些资源的利用率，进而提高生产效率。

（1）智能化装备与智能生产线

智能化装备与生产线对 5G、物联网、人工智能等新一代信息通信技术进行集成应用，具备动态感知、实时分析、精准推理、自主决策与精准执行等功能。其中，智能化装备对采集器、嵌入式控制器、智能仪表、智能传感器和智能通信接口进行集成应用，涵盖了多种类型的产品，包括智能生产设备、工业机器人、传感与控制设备、检测与装配装备、物流与仓储装备等，这些设备可以利用信息通信技术实现互联互通与集中控制。

智能生产线是按照产品成组化原则，在精益生产线的基础上，借助计算机管理与智能监控系统，对整条生产线上的参数进行自动采集，对各环节的生产行为进行自动控制，对设备运行过程进行动态模拟与实时展现，最终对整个生产过程进行自主控制，实现自动化生产与智能化决策，解决传统生产线存在的各种问题。

（2）智能物流与仓储设施

智能物流设施包括自动传送带、AGV、自动叉车等，智能仓储设施包括电子料架、自动化仓库、智能料仓等。智能物流与仓储设施以物联网技术为基础，在先进的信息采集与智能处理技术的支持下实现仓储系统与物流系统的集成，对整个仓储配送过程进行优化，提高各类资源的利用率，提高物流仓储、运输、装卸等环节的自动化、智能化水平。

（3）数据采集装备

数据采集装备主要包括电子标签、传感器、扫描设备、视觉设备，以及各种数据采集软件。数据采集装备具备两大功能：一方面，数据采集装备可以利用5G、物联网等技术将各种类型的数据采集设备连接在一起，对资源层的数字化信息进行实时采集与处理，为管控系统的运行提供强有力的数据支持；另一方面，数据采集装备可以收集生产现场的数据并对数据进行共享，传递系统的数据指令，辅助信息系统持续采集数据，展现生产设备的运行状态。

智能生产管理系统

智能生产管理系统主要由6个部分组成，分别是数字化工艺、自动化物流、智能生产与调度系统、数字化检测、智能设备维护、智能生产管控，具体分析如下。

（1）数字化工艺

数字化工艺是指利用数字孪生技术、建模仿真技术，在虚拟的数字世界对零部件加工与装配和系统装配的全过程进行仿真，从实物制造转变为虚拟制造，降低企业的试错成本。

（2）自动化物流

自动化物流是指对物联网技术、自动识别技术、数据挖掘技术及人工智能技术进行集成应用，对原材料、生产设备、产品等进行自动化存储、运输与装卸，以提高整个仓储配送过程的自动化水平。

（3）智能生产与调度系统

智能生产与调度系统是对智能排产系统与制造执行系统进行集成应用，自动编制生产计划，对整个生产过程进行可视化管理，对物流与信息流进行统一管理。具体来看，智能生产与调度系统可以细分为九大模块，分别是智能生产模块、动态调度模块、人机互动模块、异常管理模块、质量管理模块、资源管理模块、生产准备模块、改善提案模块、可视化绩效管理模块。

（4）数字化检测

数字化检测是指利用传感器、质量检测机器人等设备，基于产品的三维模型，对产品进行在线检测，对产品质量信息进行实时查询与维护，借助智能化质量检测方法采集产品的质量检测信息，通过对信息进行分析与判断发现质量不合格的产品，并及时发出预警。

（5）智能设备维护

智能设备维护是指利用嵌入式采集技术与智能传感技术，对容易发生故障的设备与系统进行实时监测，对设备的运行状态进行周期性评估，对设备进行远程监控与维护，对设备故障做出准确判断，发现问题并及时预警，以提高设备的综合利用效率。

（6）智能生产管控

智能生产管控是对信息系统进行集成应用，建立可视化分级绩效指标仪表舱，对绩效指标进行采集与分析，并将收集到的数据与绩效指标的数字化模型进行对比，及时发现异常的生产流程，并发出预警，自动生成处置方案，为管理层决策提供有效支持。

精益运行管理系统

精益运行管理系统是工厂管理人员按照既定的流程对各个生产线进行管理，保证各个生产线如期达到既定的绩效指标，并向着更高绩效冲击的过程。在这个过程中，工厂的工作人员、生产设备、物料系统与信息系统要实现高度协同，为此，智能工厂要以精益思想为指导，通过价值流分析、根本原因分析、标准作业等精益管理工具，发现工厂运行过程中存在的各种问题，对产品生产过程进行改进，最终达到预期的绩效指标。

同时，精益运行管理系统要以信息集成为基础，借助数字孪生技术对生产过程进行仿真，利用多元化的生产数据创建车间运行模型，与智能生产管理系统相结合，对各类生产资源进行优化配置，优化车间内各功能区的布局，不断完善生产管理策略，提高生产作业调度效率，最终实现精益生产、精益管理的目标。

 ## 5G+智能工厂解决方案

互联互通是智能工厂的一个重要特征。加强互联网基础设施建设规划与布局，建设低时延、高可靠、广覆盖的工业互联网，是实现工厂各生产要素互联互通的重要方式。工业互联网是企业内部、企业之间生产、产品设计、营销与服务的供应链。

网络是连接的载体，连接是智能工厂的基础。随着网络的飞速发展与不断演进，5G 时代已经到来，高速率、低时延、广连接是 5G 最突出的特性。未来，以 5G 为代表的新一代信息通信技术将与工业经济深入融合，为智能工厂的建设打下坚实的基础。

为了促进高速率传输，扩大覆盖面，5G 采用低密度奇偶校验（Low Density Parity Check，LDPC）码、Polar 码新型信道编码方案及性能更强的大规模天线技术。为了支持低时延、高可靠传输，5G 创新应用短帧、快速反馈等技术。此外，5G 还采用了全新的服务架构，实现差异化业务场景和灵活部署，具备网络切片功能。技术上的突破，促使 5G 在工业领域关注的速率、时延、终端连接数量、可靠性、安全性、电池寿命 6 个指标上优势突出。

智能工厂是 5G 的重要应用载体之一，在一个典型的厂区中，5G+智能工厂解决方案可以简单概括为"五大场景接入 + 三张切片 + 三朵云"。

五大场景接入

智能工厂的五大典型生产制造场景是工业自动控制、设备检测管理、环境检测管理、物料供应管理和人员操作交互，每个场景都有对应的连接需求。各传感器和终端设备通过各自对应的 5G 模块接入 5G 网络，例如，设备检测管理属于低功耗终端模块，可接入 5G 的 NB-IoT。

三张切片

5G 支持网络切片功能，可为工厂提供多张网络切片，不同的切片承担不同的业务。切片从不同类型的业务出发，依据业务需求进行点对点配置，为工厂用户提供需求化、精准化网络定制服务。

根据工厂具体的连接需求和对网络的要求，构建三张切片。5G 的三张切片见表 15-1。

表15-1　5G的三张切片

切片类型	具体应用
工业控制切片	uRLLC 是 5G 的三大应用场景之一，适用于移动设备、车联网、远程医疗等可靠性强、对时延要求高的业务领域，具体包括工业自动化控制、远程操控、机器人操作等
工业多媒体切片	eMBB 注重进一步提升用户的体验，具有移动性强、带宽大等特点，适用于数据量大的业务领域，例如，人员通过 AR、高清视频进行交互
工业物联网切片	mMTC 可实现大规模物联网连接需求，凭借低成本、低能耗、海量连接、小数据包等特性，广泛应用于终端接入数量大的业务领域，例如，物料监控、设备监控、环节监控等

每张切片都是独立工作的个体，依据场景需求，经过特定编排，独占特定网络资源。

三朵云

三朵云基于业务场景，实现网络的融合、部署。随着大数据的深入应用，5G 网络资源逐渐深度云化，依据内容承载，可以划分为运营商运营的边缘云、核心云及工厂或其他相关企业的远端云。三朵云的特点与具体应用见表 15-2。

表15-2　三朵云的特点与具体应用

三朵云	具体应用
边缘云	距离工厂最近，适用于接入网，主要用于对时延、安全性要求较高的工厂
核心云	距离工厂较远，承载核心网，主要用于对时延、安全性要求不高的工厂

（续表）

三朵云	具体应用
远端云	指除电信运营商运营的云之外的其他部署云，包括工厂自己的云和其他相关企业的云，例如，设备商、上游物料供应商、下游客户、其他工业内容供应商的数据云等

边缘云、核心云和远端云可根据工厂距离的远近依次部署，距离工厂越近，越多实时性强、安全性高的业务在云上部署。从网络性能方面看，不同切片会选择合适的云部署进行应用。核心网能力下沉时，5G 核心网可将时延要求高的切片部署在离工厂近的云中。

智能工厂集结了工厂内外、电信运营商、客户、销售平台等相关的云数据，实现了行业内外数据的互联互通，在生产与制造中发挥着极高的经济价值。

 # 智能工厂的 5G 应用

基于 5G 的智能工厂在物流、上料、仓储等环节中需要制定方案，采集生产数据，监测车间工况及环境，为其在生产活动的决策、调度、运维中提供可靠的依据。

5G可视化透明工厂

5G 给智能工厂提供了全云化的网络平台。精密传感技术在大量的传感器中应用，能够快速上传数据，借助 5G 网络收集海量的工业级数据，建立庞大的数据库，将云计算技术运用在工业机器人上，使其获得超级计算能力，通过自主学习和精确判断生成最佳的解决方案，建立可视化的全透明工厂。

在部分特定场景中，利用 5G 中的设备到设备技术，使物与物之间直接通信，进而在分流网络负荷的同时缩短业务端到端的时延，反应更敏捷。生产制造中各个环节的时间越来越短，生成更加优质的解决方案的速度越来越快，生产制造的效率大幅提高。

与此同时，利用 5G 的大带宽特性、行为识别技术、人脸识别技术，通过多

个不同地点的相机对每个人进行检测和区分，获取一定区域内某人或某几个人
在某一时间段中的工作轨迹。智能算法可以预判生产过程中可能会产生的伤害
行为并进行预警，将生产的全过程控制在管理范围内，促使工厂安全有效地进
行生产。深度学习和数据分析对生产过程控制和质量检测中的行为和轨迹进行
识别和追踪，有利于优化资源配置，提升工人操作水平和工作效率。

5G+质量控制

目前，工业产品质量检测通常采用人工检测的方式，略微先进一些的检测
方法是把待检测产品置于预定缺陷类型库中进行对比。这些检测方式在学习能
力和检测弹性方面有一定的欠缺，检测精度和检测效率较低，检测的精准度和
效率难以满足当下高质量生产的要求。

在5G大带宽、低时延的基础上，借助"5G+MEC+ 机器视觉"可以实现对
微米级目标的观测，轻松获取全面可追溯的信息，并将相关信息进行集成和留
存，进而改变质量检测的全流程。具体来说，"5G+MEC+ 机器视觉"技术在质
量检测中的应用原理如下。

生产企业在生产现场部署工业相机或激光扫描仪等终端，借助5G网关或者
5G模组接入5G网络，实时拍摄产品的高清图像，并将这些图像通过5G网络
上传到部署在边缘侧的专家系统。专家系统利用人工智能算法对产品的图像进
行分析，将其与系统中的规则或模型要求进行对比，判断产品是否合格，若产
品存在缺陷则自动报警，并将产品的缺陷信息记录下来，为质量溯源积累丰富
的数据。同时，专家系统可以进一步整合产品数据，将其上传到质量检测系统，
定期对检测模型进行更新，并借助5G网络将检测模型在多条生产线之间共享。

珠海格力与中国联通合作，以5G网络为依托，借助机器视觉技术部署了一
套自动化质检应用。中国联通借助独立的MEC在格力的总装车间部署工业虚
拟专网，将生产控制网与生产管理网相融合，利用样本训练数据在模拟场景中
创建数据模型，在需要对产品进行自动检测的位置安装5G高清摄像头，对待

检测产品进行自动拍照，并通过 5G 网络将照片实时上传至边缘计算平台部署的机器视觉质检应用，将照片与数据模型进行对比，并将对比结果实时回传到生产现场，通过自动化生产线与质检系统联动将质检不合格的产品分离出来。

珠海格力与中国联通合作打造的这套机器视觉质检应用实现了 5G 网络、边缘计算平台与检测系统的深度融合，为数据传输与信息处理提供了强有力的保障。目前，珠海格力已经将这套基于 5G 的机器视觉质检应用部署于总部总装生产线的空调外观包装、压缩机线序、空调自动电气安全测试等环节，极大地降低了这些环节的人工成本。

5G+辅助装配

工厂曾经采用的刚性自动化装配是指以人工操作的方式找准位置进行的装配。这种装配方式比较复杂，工艺施工难度大，当生产现场的装配工艺不能准确传达时，工人难以核对施工过程和结果，也无法立即检查装配顺序、工艺参数等。

智能辅助装配对传输时延的要求很高，若使用 4G 网络传输视频等信息，则会因带宽和传输速率的制约而出现卡顿。在使用 5G 网络后，VR/AR 将会在满足生产活动和新任务的需求上发挥关键作用。

5G 网络的大带宽、低时延和高可靠的特性使多个智能装配台可以协同工作。

在高度融合 5G、VR/AR、AI 等技术的基础上生成完备的智能装配方案，可以避免人为失误和无关人员操作，对作业的全过程进行指导，有助于提升装配品质。

模拟装配过程能够辅助确定相关的工艺信息，在装配过程的各个操作环节中为工人提供详细的注意事项和操作细节指导；应用以 VR/AR 为基础的协同装配方式，既能传递三维模型和无法具象化表达的交互信息，也能传递实景交互内容和对方跟随三维场景信息变化的动作；借助语音、标记等交互手段，装配工艺工程师能够更加直观地指导工人。

第16章　场景实践：5G+智能工厂的典型应用

5G+智能工厂主要有五大典型生产制造场景，它们分别是工业自动控制、设备检测管理、环境检测管理、物料供应管理和人员操作交互，每个场景都有对应的连接需求。本章围绕这五大场景对 5G 的需求进行简要分析，并提出基于 5G 的接入方案、切片方案与部署方案。

 工业自动控制

在闭环控制的作用下，自动化机械设备可与 PLC 构成基本的生产单位，进行基本的自动化生产动作。在毫秒级执行周期内，PLC 接收自动化机械设备反馈的信息并发出控制指令，站点 PLC 与生产线 PLC 相互传递指令信息。

在柔性制造的推动下，生产制造正逐渐向灵活制造的方向发展，越来越多的移动机器人进入厂房负责生产工作，灵活多变的可重新编排的制造单元也被广泛应用，传统的固定生产线的生产模式逐渐瓦解。在部署传统连接机械设备与 PLC 之间的现场工业总线时，经常存在移动难、工作进度慢、效率低等问题，严重阻碍了灵活编排与移动机器人的应用。而运用无线化部署方式，既便于移动，又能提升工作效率。从销售模式上分析，机械设备供应商从"卖产品"向"卖服务"转变，从一次性买卖向与工厂客户契动运营转变，自动化机械设备通过对终端数据的采集，将各种数据上传到云平台并进行存储、分析和处理，实现智能远程在线运维。

工业自动控制对网络的需求

自动化机械设备与 PLC 之间的连接对时延要求极高。工业自动控制对网络的具体需求见表 16-1。

表16-1　工业自动控制对网络的具体需求

指标	具体要求
时延	毫秒级超低时延，基本上要求时延在 10ms 以内
可靠性	对可靠性的要求极高，需要达到 99.999% 甚至更高
安全性	不会受到外来攻击，安全性强，可保障安全生产
确定性	网络时延的抖动必须在一定的范围内

基于5G的工业自动控制场景

基于 5G 的工业自动控制实行集中化管控，将虚拟 PLC（含站点 PLC 及生产线 PLC）与 MES、SCADA、AGV 调度应用等软件同时部署至云端。5G 通信模块具备无线接入功能，可应用于传送带、阀门、机器人等自动化机械设备部件。

基于 5G 的工业自动控制场景满足了网络连接的要求，是工业生产制造自动化的一大技术突破。将虚拟无线电接入网、5G 核心网、虚拟 PLC、MES、SCADA、AGV 调度应用部署在边缘云端，是保障超低时延、超高可靠性的重要举措。

 # 设备检测管理

良好的设备检测管理是提高生产质量和工厂管理水平的重要保障。工厂生产设备由自动化机械设备和工具、仪器、辅助器材等其他设备组成，传统工厂生产设备的检测管理由人工完成，存在成本高、检测时间长、效率低下等问题。定期、定时地对工厂生产设备进行检测管理，有助于更好地维护设备，及时发现设备的缺陷与不足，并进行修理。

设备检测管理对网络的需求

在智能工厂中，制造管控系统在设备的检测管理中占据重要地位。在物联网传感器的作用下，制造管控系统能够与各个生产环节的设备数据实现互联互通，对终端设备的运行状态、使用情况进行实时监控、检测与运维。那些大规模的工厂设备为了实现长时间实时在线运转，需要无线连接，以实现工厂效益大规模提升。设备检测管理对网络的要求见表 16-2。

表16-2　设备检测管理对网络的要求

指标	具体要求
终端连接数量	一个规模巨大的工厂内生产设备的数量在万级以上
电池寿命	通信模块电池寿命长，适用于无外接电源的设备，例如安防、工具等

基于5G的物料供应管理场景

将 5G 通信模块安装在带有物料感应的智能货架、AGV 上，实现无线连接。将 SCADA、MES 与 AGV 调度、物料管理等相关应用共同部署在云端，实现货架、运输设备与 SCADA、MES 之间的数据互通；同时，上游物料供应商的物流管理数据在云端接入，实现物料供应全流程一体化，完成自动化物料的供应处理。

该场景对网络的需求主要体现在两个方面，一是智能货架的工业物联网场景，二是 AGV 实时调度的工业控制场景。这两个场景的实现途径有两个，即工业物联网切片和工业控制切片。工业物联网切片侧重于把时延要求不高的物料管理应用部署在距离工厂较远的核心云端，而工业控制切片因对安全性、实时性要求极高，侧重于把 AGV 调度应用部署在离工厂较近的边缘云端。

环境检测管理

温度、湿度、光照、灰尘、有害气体、循环风速等条件是生产车间进行环境检测的重点对象，生产车间对环境要求极高，只有把这些条件控制在合理的范围之内，才能构建良好的生产环境。值得注意的是，可以通过设定生产环境阈值来动态调整相应的设备。

生产环境与制造管控系统需要进行有效连接，制造管控系统的工作原理是对传感器采集的环境信息进行接收、实时调整，再下发给各执行设备。

环境检测管理对网络的需求

现阶段，很多企业仍在使用传统的环境监控器，传统的环境监控器只能实现生产现场的闭环控制，无法将采集的数据传至云端的制造管控系统，很难达到质量审核的要求和标准。而无线的部署方式可以轻松解决这一难题，其凭借成本低、便捷性高、灵活性强等特性，可以进行云端数据处理和追溯，实现车间的智能化管理，快速满足生产的标准。环境检测管理对网络的具体要求见表16-3。

表16-3　环境检测控制对网络的具体要求

指标	具体要求
终端连接数量	需要大量加装温度、湿度、灰尘传感器
电池寿命	环境传感器大多没有外接电源，需要极长寿命的电池支撑工作
安全性	环境检测对安全性的要求极高，会直接影响工厂的生产决策
时延	时延在面对高级警告或进行生产决策调整时具有重要作用，因此环境检测对时延的要求也极高

基于5G的设备检测管理

在智能工厂中，5G的设备检测管理工作是指将5G物联网通信模块和环境传感器加装到各工具、仪器、机械设备和安全设备中，利用5G物联网通信模块，将采集的运行数据、设备状态分析等应用发送和部署至云端，同时进行预防性维护工作，把数据传送至设备供应的远端云进行实时在线检测。

 ## 物料供应管理

传统工厂的物料供应是通过人将货架上的物料运送到各条生产线上。而在智能工厂中，人工运送物料的现象不复存在，AGV 等物料供应运输设备将代替人运送物料。堆放物料的货架通过加装智能传感器，能够自动感知仓库货架的备料情况。物料管控系统能够精准掌握物料的消耗与储备状态，从而确保工厂正常实施生产计划，减少不必要的生产变更。

物料供应管理对网络的需求

当前，AGV 等物料供应运输设备凭借较强的移动性，在工厂得到广泛应用。AGV 通常采用 Wi-Fi 连接，但 Wi-Fi 持续性差，需要在一定范围内使用，体型庞大的车间长距离使用 AGV 运输常常面临信号弱的问题，容易出错，且 Wi-Fi 常常面临诸多售后问题，同时，Wi-Fi 终端接入能力差，无法接入 100 台以上的设备，连接效率低。这些缺陷严重阻碍了 AGV 在工厂的大规模应用，需要考虑应用新的移动网络。物料供应管理对网络的具体要求见表 16-4。

表16-4　物料供应管理对网络的具体要求

指标	具体要求
时延	AGV 移动运行，调度周期短，对时延要求高
安全性	AGV 连接物料生产线，影响生产效率，对安全性要求高
可靠性	少量丢包不造成影响，大量错误会导致 AGV 瘫痪，对可靠性要求极高

此外，终端接入数据量大，智能货架需要加装多种传感器，对传感器要求较高；智能货架大多没有外接电源，对通信模块电池寿命要求较高。

基于5G的环境监测管理

为了实时采集环境数据，可在温度、湿度、光照、风速、粉尘等环境传感器上加装 5G 通信模块。为了增强环境与制造执行管理系统之间的作用力，及时应对环境带来的变化，可将环境分析、环境管理应用部署在云端，并与 MES 互联互通。

 # 人员操作交互

传统工厂与全自动化工厂的生产与制造，都离不开人工参与。全自动化工厂生产与制造的人工参与主要集中在设备安装、故障排查、关键操作等环节，其他环节则由机器进行自动化操作。传统工厂生产与制造的人工参与主要依靠工作人员的个人能力，依据材料说明、人眼观察、经验判断来操作设备，操作交互程度较浅，在进行多人作业时，协作不佳、沟通不流畅等问题时常发生。

人员操作交互对网络的需求

随着智能科技的发展，VR/AR、高清视频、平视显示器等新交互技术和电子产品相继出现，并被广泛应用于工业生产与制造中。新交互技术和电子产品的加入，对于增强人机之间的交互、提升人员间协作能力和参与效率具有重要作用。鉴于此，为了更进一步增强人与图像、作业数据之间的交互，工厂智能中枢制造执行管控系统、操作人员与操作对象（例如机械设备）之间有必要实现互联互通。人员操作交互对网络的具体要求见表 16-5。

表16-5　人员操作交互对网络的具体要求

指标	具体要求
带宽	由于大量的数据传输，VR/AR、高清视频等媒体的交互需要高速率的带宽，上 / 下行速率需要达到 50Mbit/s 以上
时延	远程操控与生产设备动作联系密切，为防止卡顿，对时延要求较高

针对作业环境危险系数高、人员不宜近距离操作的工作，需要通过网络连接，实行人员远程操作。因为人与执行设备的连接在时延、可靠性、安全性和

错误率上要求严格，所以远程操作对网络连接的要求极高。远程操作对网络的具体要求见表16-6。

表16-6　远程操作对网络的具体要求

指标	具体要求
安全性	设备作业危险性大，对安全性的要求极高
可靠性	99.999%
带宽	远程操控有摄像功能，高清视频的拍摄对带宽要求很高

基于5G的人员操作交互

机器设备加装 5G 通信模块，机器控制部署至云端，远程操作人员接收机器设备利用 5G 网络传送来的运行数据，向机器设备下达操作指令，实现远程操控。

在安装设备或排查故障时，操作人员利用摄像头扫描机器设备，通过 5G 网络把获取到的图像信息传输至云端进行图像处理，云端将从设备商和第三方工业内容商处识别、调取的设备安装及维修信息发送给现场操作人员，AR 眼镜或平板电脑将辅助人员操作，实现虚拟内容与真实场景相结合。

远程操作场景、多媒体交互场景符合工业控制切片网络能力。机器人作用于离作业场景较近的边缘云，能有效降低时延、提高可靠性；图形处理和 VR/AR 应用作用于离作业场景较近的边缘云，可有效降低时延、提高网速。

 ## 商业模式及经济效益

5G 建设是智能工厂建设的重要组成部分，它能够降低生产成本，实现工厂生产模式的转变和商业模式的转型升级，智能工厂将带来可观的经济效益。

降低成本

5G 是支撑智能工厂转型升级的关键技术，能够有效降低工厂的投资成本与运营成本。

（1）降低投资成本

- 降低设备投资成本。5G 云化 PLC 技术的应用，改变了传统硬件和现场有线 PLC 控制模式，实现了多地协同 PLC 远程控制云化，大大降低了硬件设备投资成本。

- 降低 ICT 投资成本。5G+智能工厂充分集成以 5G 专网、边缘计算为代表的新一代信息通信技术，打造新型工业网络基础设施，形成生产单元广泛连接，信息技术（IT）、运营技术（OT）深度融合，大大降低了 ICT 投资成本，实现了 ICT 资源的优化配置与长效利用。

（2）降低运营成本

- 降低直接人工成本。在 5G 的赋能下，智能工厂内部能够实现设备远程运维、产品质量智能检测及物流仓储的自动化，有效降低人工成本。

- 降低间接人工成本。依据 5G 网络架构，可实现"机器换人"，移动迅速的机器人、机械臂得到大规模使用，节约生产过程中的人工成本。

- 降低 ICT 系统运维成本。智能系统运维发生改变，从自建自维转向外建外维，使用方与第三方进行合作，降低运维成本，增强运维效率。

商业模式转变

5G 的成功运用促使工厂运营模式发生很大的转变，智能基础设施实现公共资源化，工厂从资本支出向运营支出转化，工厂供应商以租代售的模式逐渐常态化。

- ICT 系统商业模式转变。工厂不再投资建设车间和设备，而是直接购买。智能基础设施实现公共资源化，智能系统从传统的"私有数据中心＋私有专用网络"，转变为"边缘云及远端云＋公共移动网络"。

- 生产设备商业模式转变。基于设备控制部分云化，生产设备厂商既能实时掌握设备的使用状态，也可以调控已投入生产的设备，提高设备的使用率。生产设备厂商转化商业模式，实行"以租代售"或"基本功能＋按需追付"的模式，降低投资成本，从需求出发，商业模式趋于精细化。
- 工厂产品商业模式转变。工厂产品售后模式改变，实现远程、实时巡检维护和预防性维护。维护人员减少，人工成本降低，维护工作量减少，售后成本降低。

第17章 智能工厂物流规划

 智能工厂物流规划的主要内容

  智能制造的实现以智能工厂为载体，而智能工厂的建设离不开智能物流的规划与设计，与传统的工厂规划理念相比，智能工厂的规划中心由产品和生产线转向了客户，以满足未来客户的定制化、个性化需求。在物联网发展的大背景下，智能工厂始终遵循"大物流、小生产"的理念，确保实现从客户、研发、采购、供应、生产到服务等全价值链的"精益流动"。智能物流能将企业上下游及企业端到端价值链的各个环节连接起来，实现信息流、物流、资金流之间的互联互通、协调发展。因此，智能工厂物流规划决定着智能工厂实现智能化"精益流动"。

  智能工厂物流规划与生产设备设施布局规划、生产线精益改进之间协调发展、同时进行、互为支撑，主要内容如下。

- 园区的整体物流布局：一般将园区整体物流分为园区外物流和园区内物流，以物流和人流的大数据为基础进行分析，对园区生产区、办公区、生活区的物流关系进行量化，设定园区入口，合理策划园区内各干道及人流、物流的流向，合理布局物料仓和成品仓区域，特别重视高安全需求的附属设施布局，尽量满足相关需求。

- 车间内部的物流布局：以物流最短线路、最低强度为原则，进行生产功能区及与之相对应的生产辅助区的布置。对物料中心的配置及物料拣配中心的功能需求给予特殊关注。

- 生产线物料配送方案：识别不同的工序物料及生产断点物料，即半成品的不同物流特征，通过 PFEP[1] 进行分析，并根据生产线工艺的改进选择最合适的配送模式，例如，批次成套与单台成套配送、补货式与周转式配送、单料与多料配送等。

- 智能仓储与搬运设计：从不同的物料配送方案出发，构建与之相适应的物料拣配方案、物料仓储方案，以及物料输送方案，涉及物料立体仓储及卸货区设计、成品仓储及出货码头设计、智能物流分拣设备/输送设备的选用等。

- 基于物流的工序工装容器设计：以物料配送方案、拣配方案和输送方案为设计依据，设计与之适配的物料容器、物料车、物料架、挂具等，积极促进物料工装的标准化、规范化、系列化，以便信息码的应用及网络化集成。

- 物流设施信息网络化集成：将相关的物料信息进行收集、整理、识别及策划，将智能物流设备的信息联网，切实推进与供应商关系管理（Supplier Relationship Management，SRM）、高级计划与排程（Advanced Planning and Scheduling，APS）、CRM、MES 等的交互集成，确定数据接口标准、交互原则等。

 智能工厂物流规划的原则

智能工厂物流规划是对传统物料搬运设计的更新迭代，致力于数字化、信息化、

---

1 PFEP 指 Plan for Every Part，为每个产品做计划。

网络化物流的普及与大规模应用,以实现物流的智能化,一般规划原则如下。

（1）物流强度最低原则

对各功能区的物料或者半成品需求进行平衡与综合,计算出配送的距离与频次。

（2）物流成本最低原则

以物流适配为出发点,保证物流设施的负载与物流速度的选择相匹配,兼顾柔性化与投资回报率。

（3）空间利用率最高原则

最大限度地降低工厂内的整体物流强度,提高工厂立体空间的利用效率,设计最佳方案进行生产线及物流设施的布局,提高单位面积的产出效益。

（4）柔性适应生产模式的变化

物流系统应该具备灵活的适应能力,能够满足不断变化的市场客户需求,包括产品、工艺、产能等方面的变化,以及未来智能化所提出的更高需求。

（5）统一的物流工装容器

尽量减少或避免特殊专用物流工装,对物流工装的容器规格进行简化和规范,让工厂尽可能采用统一的物流工装容器。

（6）物流信息及时可视化

将物料及半成品的物流信息及时更新显示在工厂的可视化看板上,以实现对相关物流情况的实时监督,及时发现异常、及时防控,更好地服务于生产。

智能工厂物流规划的方法

工厂整体物流布局的规划方法

离散型制造业企业与流程型制造业企业有所不同,离散型制造业企业整体物流布局的核心是产品物料清单和装配关系,流程型制造业企业的整体物流布局离不开产品材料配方及材料的物理变化、化学变化过程,但二者有相同的规律可循。系统布局规划方法及精益思想的结合拓展,是当前国内工厂布局普遍采用的设计方法，其中，比较典型的有设施作业单元相互位置模型、作业单元布置算法，以及并行复合遗传算法等。物流布局方案的两大优化算法见表17-1。

表17-1　物流布局方案的两大优化算法

算法	具体应用
逐步推算法	以一定的选择原则为前提，将工作单元一个接一个地部署到物流设施的作业面积中，CORELAP、ALDEP 等属于这类算法
迭代改进法	以初始布局为基础，进行工作单元位置的交换，最终获取更好的目标函数值，CRAFT、MOCRAFT 等属于这类算法

生产线的设计方法

在设计新工厂的过程中，必须根据生产线的具体情况进行系统性的调研诊断，找出现阶段的问题与不足，结合智能装备及智能物流的应用，重新规划生产线，将工厂效率、效益、质量推上新的台阶。

装配型流水线一般采用"十步漏斗法"进行设计与改善，从P-Q分析、工艺分析、平衡分析到改善项目挖掘及实施，逐步对相关流程、工序、工步、动作和动素进行深入改善，速度快，效果好。离散加工型单元线的设计与改善一般采用"之字法"，与"十步漏斗法"相比，"之字法"还需要进行深入的P-R分析、设备选型分析及设备负载分析，以物流强度测算为依据设计单元线布局方案。以上两种方法不仅能够用于新生产线的设计，还有助于不断改善和升级旧生产线。

生产线物料配送方式的选择

智能工厂的物流规划涉及工厂发展的方方面面。其中，生产线物料配送方式的选择是其核心内容。生产线物料配送方式的选择实际上是对物料取用的方式及物料输送的方式进行规定和选择，对物料存储的方式及物料分拣配送设施的选择产生了巨大的影响。

生产线上每个工序的物料暂存空间及工作人员的取用空间都是有限的，因此，我们必须测算相关物料的数量和配送频率，对物料的容器及运输工具进行规范化设计。工序物料的配送模式见表17-2。

154

表17-2　工序物料的配送模式

配送模式	具体应用
单料配送	单独对一个工序所需的物料进行配送，直接到达工序现场，不需要拣配，但物流配送频率高，现场占地面积大
多料集中周转式配送	按配比集中成套地将一个工序所需要的几种物料配送到工序现场，需要拣配，配送频率较低，现场占地面积小，可实现自动补给
多料集中补货式配送	对部分高需求物料特殊对待，单独补货，增加配送频次，但物料自动补给不易实现
单套随行配送	为生产线提供单套随行配送，二者节拍一致，拣配工作量较大，但大大减少了配送点，降低了配送频次，有利于产品质量的提升

 智能物流技术的应用设计

随着时代的发展，皮带线、行车、滚筒线、货架、叉车等传统物流设施大多已无法与信息化系统互联，为适应智能化的要求，应该在进行智能工厂物流规划时，合理地选用与设计现代智能化物流中的设施。常见的智能物流技术如下。

智能立体仓储技术

智能立体仓储技术是一种综合技术，包含了 GIS 技术、控制技术、数据挖掘技术、自动识别技术、堆垛技术、人工智能技术等。当前，常用的仓库有巷道式立体仓、水平回转式立体仓及垂直升降式立体仓，前者比较适合大物料、栈板托盘物料，后两者则更加适合小物料，或有特殊环境要求（温／湿度、耐腐蚀程度等）的物料存储，一般情况下，会配有自动或半自动拣配功能。立体仓一般有独立的仓库管理系统和仓库控制系统，能够与 MES 或事件相关点位连接互通。

智能输送技术

行走机构、传感系统和控制系统共同构成了智能输送设备。一般来说，机器人、积放链、摩擦链、AGV、有轨制导车等是比较常见的智能输送设备。目前，智能输送技术已经日趋成熟，广泛应用于物流实践中，具有更高的可靠性。

智能拣选技术

AR 智能眼镜拣选、播种式拣选、摘果式拣选、灯光拣选、语音拣选等是常见的智能拣选技术。智能拣选设备一般分为滑块式自动分拣机、带式自动分拣机、智能拣货小车、斜导轮自动分拣机等。

智能识别技术

随着人工智能、通信等技术的发展，智能识别技术作为一种高度自动化的数据采集技术也逐渐发展起来。其中，应用比较广泛的有手持扫描终端、二维码、射频识别（Radio Frequency Identification，RFID）电子标签、无线扫描仪等。

智能物流集成技术

智能物流集成技术将智能识别技术、智能输送技术、智能仓储技术等有机整合起来，运用统一的标准要求，最终集成系统软件与硬件设备。

第 18 章　数字化车间：智能制造的基本单元

 数字化车间与智能工厂

数字化车间建设是智能制造的基础。在智能工厂建设过程中，数字化车间建设是至关重要的一个环节。在制造行业，产品是决定企业生存与发展的根本，生产车间能将创意概念转变为产品，生产车间的数字化、智能化则是决定企业生产效率与产品质量的关键。

数字化车间的概念

融合现代化的数据库、网络、信息、自动识别等技术建设而成的全数字化生产车间被称为数字化车间。数字化车间在建设过程中使用了大量的数学计算模型，它们像数字化电子沙盘一样能够在线对实体车间进行建模，为产品提供相应的生产工艺环境。

数字化车间的建设还需要运用多媒体技术和虚拟现实技术，这一点直观且生动地体现在了它的数字化应用场景中。我们可以确定的是，数字化车间为传统制造业提供了一个高效且数字化的制造管理平台。

数字化车间的应用场景

从产品数据的数字化及可视化应用与展示，到车间中的生产，再到与生产装备的数字化集成，数字化车间的应用渗透产品的整个生产过程。每个企业按照实际的业务范围，设置包含生产调度、仓储管理、质量追溯、生产物流配送、车间品质管理、数据数字化展现及车间设备的管控等在内的不同的数字化车间应用场景。

在生产制造过程中，数字化车间能够集成并多维度分析生产管理每个环节中的数据，并将这些数据深加工成更具价值的数据，通过提高制造效率、产品合格率和对事件的预测能力，缩短制造周期等方式，建立数字化的驾驶舱管控平台。

数字化车间与智能工厂的关系

生产车间是制造业企业的核心，数字化车间也是智能工厂的核心。但在现实生活中，很多人将数字化车间与智能工厂混为一谈，其实二者存在很大的区别。下面我们对数字化车间与智能工厂的关系及区别进行详细探究。

（1）数字化车间与智能工厂相辅相成

智能工厂以数字化为基础，通过对物联网、大数据、云计算、人工智能等新一代信息技术进行集成应用，加强信息管理，合理安排生产计划，让生产过程实现自动化与数字化，提高生产效率，降低生产过程中的资源消耗与碳排放，最终降低生产成本。智能工厂的规划建设是一个十分复杂的系统工程，建设数字化车间是关键一环。数字化车间是实现智能制造的起点与关键，不可或缺，与智能工厂相辅相成。

（2）数字化车间与智能工厂的区别

数字化车间与智能工厂不能一概而论，二者的区别主要体现在以下4个方面。

- 组成不同。数字化车间主要由数字化生产线、数字化生产单元、数字化生产设备、自动化的生产流程等构成；智能工厂主要由数字化生产系统、质量检测系统、安全防控系统、生产监控系统、综合布线系统、公共广播系统，以及先进的生产技术与生产设备等组成。

- 特点不同。数字化车间强调的是设备的运行效率、运行精度和运行的可靠性，利用各种先进技术与方法提高设备的感知、分析、决策与控制能力；智能工厂注重的是整个生产过程的自主能力，通过人机协作实现高效率、柔性化生产，降低生产成本，满足大规模、小批量、定制化的产品生产需求。

- 本质不同。从本质上看，数字化车间是一种新型生产组织方式，对数字化制造技术与计算机仿真技术进行集成应用，将产品设计与产品生产环节连接在一起，可以利用数字孪生、虚拟现实等技术在虚拟环境中对整个生产过程进行仿真优化，并逐渐将这一应用扩展到产品的整个生命周期；智能工厂利用各种先进技术促进生产、管理等流程实现自动化，规范企业管理，减少生产过程中的失误，提高生产效率与生产质量，降低生产成本，保证生产安全，为生产决策提供有效参考。

- 管理方向不同。数字化车间建设属于具体执行层面的问题，其内容包括制订并调整生产计划，对生产工艺与生产质量进行优化管理等；智能工厂建设属于顶层设计层面的问题，要求对设计、管理、生产、服务等流程进行智能化改造，对各个系统进行集成应用。

 # 数字化车间硬件平台搭建

数字化车间是数字化、网络化技术在生产车间的集成应用，以数据的可视化管理与应用为核心，对数控设备、工艺设计系统、生产组织系统、其他管理系统进行集成应用，利用PLM系统对主数据流、工业互联网平台、智能装备、智能仓库、智能系统进行集成，促进数据流通与共享，打造一个综合的信息自动化集成制造系统。

智能化生产

智能化生产可以被视作自动化生产的进阶，是在自动化生产的基础上，利用 ERP、MES 等管理软件打造的中枢管理系统，将数控系统或 PLC 作为控制单元，辅之以视觉相机、RFID 标签、扫码器、传感器等设备，利用现场总线、工业以太网等通信技术获取生产车间的信息，向生产车间、生产线传递控制指令，合理安排生产计划，制定科学的生产决策，对生产设备的运行状态进行实时监控，切实提高各类生产设备的使用效率及运转效率。具体来看，智能化生产需要借助智能制造单元和 MES，通过智能设备互联、智能设备数据采集来实现。

（1）智能制造单元

在车间数字化、智能化升级的过程中，打造智能制造单元是关键的一环。智能制造单元将一组能力相近的加工设备与辅助设备集成在一起形成一个模块，这个模块由自动化模块、智能化模块和信息化模块 3 个部分组成，可以改变传统的大规模生产模式，实现多品类、少批量生产。

智能制造单元可以被视作一种模块化的小型数字化工厂，功能非常强大，在产品加工领域，智能制造单元摒弃功能单一的设备，大规模使用多功能设备；在装配领域，智能制造单元转向人机协作，大幅提高了产品装配过程的自动化水平；智能制造单元改变了传统的人工搬运方式，借助机器人与视觉定位技术实现自动化搬运等。

（2）MES

MES 是一套面向制造业企业车间执行层的生产信息化管理系统，下设众多管理模块，包括生产调度管理、库存管理、质量管理、采购管理、成本管理、生产过程控制、人力资源管理、底层数据集成分析、上层数据集成分解等，可以对整个生产制造流程进行管理。在 MES 中，计划、生产、物流等环节的数据可以自由流通，生产计划、控制命令、信息数据可以通过规范的定义接口在系统中顺畅传递，对实际生产过程进行指导，最终实现数字化生产，完成数字化车间的建设。

（3）智能设备互联

智能设备互联是打造数字化车间的重要基础，需要以信息化为基础，将生产车间的各类设备与互联网相连接，对设备运行过程中产生的数据进行实时收集与分析，实时掌控设备的运行状态。面对不同类型的设备，技术人员需要采取不同的数据收集方式。

对于加工中心、磨床、PLC、机器人、仪器仪表等存在数据接口的设备，技术人员可以使用现场总线或自动化总线标准将收集的设备数据传输至网关。

对于不存在数据接口的设备，技术人员可以利用外接传感器对设备运行过程中产生的数据进行采集，使用有线网络与无线网络将数据传输至边缘侧，使用边缘计算技术对数据进行处理，或在边缘侧进行分析，或将数据传输至云端进行存储。至于数据分析结果，也可以通过有线网络或者无线网络传输至云服务器进行存储。

总而言之，智能设备互联并非易事，不仅需要强大的网络的支持，还需要统一硬件接口、接口规范定义，促使软件数据接口实现互联互通。

（4）智能设备数据采集

智能设备数据包括设备编号、设备描述、设备状态、产品时间戳等信息。智能设备数据采集不仅要收集这些信息，还要对这些信息进行处理，筛选出合格的、有价值的数据，保证产品产量与质量的稳定性。

智能化物流仓储

制造业企业的运营活动离不开物流仓储，制造环节的智能化升级将带动物流仓储实现智能化。智能化物流仓储系统由设备层、操作层、企业层 3 个部分构成。其中，设备层涵盖各种智能设备，包括智能叉车、码垛机器人、提升机、AGV、智能托盘、物流机器人等；操作层主要涵盖了仓储管理系统、仓库控制系统、运输管理系统等；企业层则涵盖了 ERP、CRM、SCM 等管理软件的采购、计划、库存、发货等模块。

智能仓储设备、智能物流设备和各种系统软件的应用可以极大地提高产品原材料、产品配件及产品成品的流转效率，提高仓库货位周转效率，降低货物运转成本，提高仓储物流的智能化与数字化水平。

 # 数字化工艺平台建设

工艺是研发设计产品灵魂的关键步骤，将数字技术广泛应用于产品的设计、工艺、制造过程，实现产品周期全覆盖，有利于快速、高效地实现智能制造。平台以工艺数字化、信息化的建设为支撑点，打通连接设计、工艺、制造之间的数据流，实现上下游高效协同，通过数字化工艺的深化应用，全方位实现工艺一致性。

数字化工艺平台的建设路径

具体来说，数字化工艺平台建设主要包括以下 3 个阶段。

（1）数字化工艺平台建设初期

该阶段将基础功能模块的开发与应用落到实处。产品准备管理以先期产品质量策划为基础，系统化管控项目进度及交付物；物料清单及工艺管理及时、准确地处理与应用数据与信息，提高工艺的一致性及标准化程度；变更管理实现正向与逆向的闭环管理，提升变更执行的质量；落实工艺资源管理，促进工艺知识的积累、共享和重用。

（2）数字化工艺平台建设中期

该阶段将工艺创新性管理变为现实。以工艺仿真技术为基础，对三维数字化工艺进行具体的规划及验证，对相关工艺的合理性进行虚拟仿真及评估；实现三维工艺进厂，将相关工艺可视化；借助生产线仿真技术，对生产线相关装备、物流、工艺、生产节奏、人员、生产过程等进行仿真、优化及管理。

（3）数字化工艺平台建设后期

该阶段将数字化工艺技术与产业进行深度融合。借助数字映射技术的应用，实现实际生产与虚拟生产的联动，以便高效、及时地修正生产中的偏差及解决其他问题，实现生产的科学化、智能化。不断加强数字化技术团队建设，为具体的技术研究及系统建设成立专门的项目团队，切实推进工艺数字化提升工作的开展。

将重点放在数字化标准体系及业务流程的构建上。以数据流、业务流传递特点及上下游关系为依据，打造更加完善的数字化流程，以管理创新促进技术创新，以技术创新推进管理创新，不断落实数字化基础建设及设计制造辅助工具的开发，从软件基础环境、数据库支撑平台、网络信息环境、信息安全体系等基础方面着手，不断投入和建设。

仿真系统应用

以生产线数学建模及物流仿真等为基础，将生产线仿真变为现实，不断对生产线的装备、物流、工艺、节拍、人员、生产过程等进行仿真、验证、优化及管理。借助数字映射技术，将实际生产与虚拟生产进行联动，及时地将生产线上的问题反馈至仿真系统，由仿真系统完成相关验证后，根据实际情况对相关虚拟参数予以修改，实现生产线同步更改，这样就能够及时修正生产过程中的偏差及解决问题，实现科学智能的生产。

总体来说，仿真系统的应用价值主要体现在 3 个方面。

（1）对生产的全流程进行实时监管

生产车间建立仿真系统后，可以实时采集和监测与企业生产相关的工序流转、设备运维、运输车辆、物料划分和仓储空间等相关信息，能够有效地监督和管理基于此生产的全流程。

（2）及时预警可能出现的生产事故并采取应对措施

数字化车间仿真系统本质上是对物理生产车间的映射，在仿真系统中，借助三维生产工艺、三维高精度模型等，生产管理人员可以不进入车间便能够全方位、直观、高效地查看车间的实时运作情况，及时发现生产中的问题，谨防生产事故的发生。

（3）升级管理模式，有效提高管理效率

数字化车间仿真系统的价值不仅体现在对真实生产过程的实时映射上，而且能够借助对数据信息的应用和对生产车间的环境模拟，提高生产效率、改进生产流程，切实增强管理的可视化、数字化、智能化水平。

第六部分

智能制造供应链

第19章　智能制造驱动的智慧供应链变革

 ## 智慧供应链：智能制造新引擎

智能制造是制造业创新升级主要的突破口。随着生产、信息、物流等要素不断智能化，制造业需要打造智能化的供应链，为智能制造的实现提供强劲的推动力，增强企业的核心竞争力。

2021年12月，工业和信息化部、国家发展和改革委员会等八部门联合印发了《"十四五"智能制造发展规划》（以下简称《规划》），《规划》中强调，"引导龙头企业建设协同平台，带动上下游企业同步实施智能制造，打造智慧供应链""面向汽车、工程机械、轨道交通装备、航空航天装备、船舶与海洋工程装备、电力装备、医疗装备、家用电器、集成电路等行业，支持智能制造应用水平高、核心竞争优势突出、资源配置能力强的龙头企业建设供应链协同平台，打造数据互联互通、信息可信交互、生产深度协同、资源柔性配置的供应链"。

传统制造业企业供应链管理面临的问题

在现代企业竞争中，供应链发挥着至关重要的作用，在很大限度上决定着企业竞争的结果。为了增强竞争力，在激烈的市场竞争中获胜，越来越多的企业聚焦供应链，通过各种方式加强与经销商和分销商之间的联系，投入大量资源尝试打造反应灵敏、可追溯、高效协同的供应链，提高各类信息的开放共享程度，对市场变化做出快速响应，带给用户更极致的体验。

很多企业关于供应链管理的设想十分美好，但在实际操作的过程中可能会遇到各种问题，这些问题主要表现在内部和外部 2 个方面。

（1）供应链管理面临的内部问题

企业供应链管理面临的内部问题主要表现在数据、流程和管理 3 个层面，具体分析如下。

- 在数据层面，企业在管理供应链的过程中收集数据不及时，收集到的数据不准确，不对数据进行共享，不对数据进行挖掘使用，导致数据的利用率比较低。
- 在流程层面，供应链运作流程比较复杂，效率比较低，企业没能对各类资源进行充分开发与利用，无法满足智能时代的供应链运行需求。
- 在管理层面，企业没有制定清晰明确的供应链发展战略，供应链上下游企业的联系不强，没有形成紧密合作，供应链管理的数字化水平、智能化水平欠佳，甚至没有形成完善的管理制度。

（2）供应链管理面临的外部问题

供应链管理面临的外部问题有：一是人力成本及原料成本不断上涨，企业面临的成本压力持续加大；二是供给侧结构性改革不断推进，日渐严格的环保政策持续落地，给企业供应链管理带来了一定的挑战；三是随着消费者需求越来越多元化、个性化，市场竞争越来越激烈，制造业企业必须采取更加灵活的供应链管理方式。

最重要的是，外部问题会激化内部问题，形成一个恶性循环，对制造业企业的供应链管理造成极其不利的影响。

智能制造时代的供应链变革

在传统制造业企业智能化升级阶段，采购、生产、存储、运输、信息传递等环节都在推行智能化转型，驱动供应链管理向智慧化的方向发展。在智慧供应链的支持下，企业逐渐摒弃了传统的制造方式，开始向智能制造的方向转型升级。因此，在智能制造时代，企业能否构建完善的智慧供应链体系，在很大程度上决定着企业的战略决策是否正确，未来的发展规划能否实现。

过去，制造业企业的主要任务是研发生产产品，通过营销活动让消费者接受并消费产品。但在智能制造时代，制造业企业要根据消费者提出的个性化需求为其定制产品和服务。也就是说，智能制造时代的企业制造流程是以消费者的需求为驱动的，智慧供应链也应该由需求驱动，要基于消费者需求实现端到端运作。

一方面，智慧供应链要增进供应链各主体的联系与协作，提高各类信息的开放水平与共享程度，根据消费者的个性化需求形成需求计划，在纵向流程上实现端到端的整合。另一方面，智慧供应链要实现自我反馈、自我补偿，主动发现问题、解决问题，为消费者提供精准化的服务，切实提高消费者的满意度。

未来，智慧供应链将不断丰富平台功能，通过精益生产带动采购、物流、配送等环节实现精益化升级，最终推动制造业企业上下游产业链供应链的高效协同。

 基于智能制造的智能物流升级

物流设备是整个物流行业的基础，并且随着物流技术的发展取得了重大进步。近年来，物流行业涌现出很多新型物流设备，包括自动化立体仓库、多层穿梭车、四向托盘、高架叉车、自动分拣机、输送机、自动导引车等，不仅提高了物流运输的效率，而且极大地减轻了物流人员的工作负担，降低了物流企业的运营成本，为物流行业的快速发展产生了积极的推动作用。

2022 年 1 月，工业和信息化部、国家标准化管理委员会联合印发《国家智能制造标准体系建设指南（2021 版）》，提出要制定工厂智能物流标准，主要包括工厂内物料状态标识与信息跟踪、作业分派与调度优化、仓储系统功能要求等智能仓储标准，物料分拣、配送路径规划与管理等智能配送标准。

《"十四五"智能制造发展规划》也强调，要发展"智能多层多向穿梭车、智能大型立体仓库等智能物流装备"，由此可见智能物流系统建设在智能制造领域的重要性。

随着智能制造不断发展，制造业将以互联网、物联网为依托对物流资源进行整合，建立生产者与消费者之间的直接连接。智慧物流作为智慧供应链的重要组成部分，将成为制造业物流发展的新方向。

高度智能化

智能物流系统最主要的特征是高度智能化。需要注意的是，智能物流系统并不等于自动化物流系统。智能物流系统既实现了输送、分拣、存储等各个环节的自动化，又通过应用 RFID、MES、WMS、激光扫描器、机器人等实现了物流系统的智能化。

也就是说，通过将信息技术、人工智能技术、物联网技术等新技术深度融入物流系统，物流系统实现了从自动化到智能化的升级，进而为智能制造奠定坚实的基础。

全流程数字化

智能物流系统要实现制造业企业内部及外部物流流程的连接，实时控制整个物流网络，关键是要构建一个数字化的物流流程，做到全流程数字化。

信息系统互联互通

在智能制造环境下，物流信息系统要不断迭代升级，满足智能制造提出的更高要求。一方面，物流信息系统要与更多设备、系统连通、融合，构建更加流畅的供应链体系；另一方面，物流信息系统要以互联网、人工智能、物理信息系统、大数据等技术为依托，构建一个高度透明、可实现实时控制的网络体系，保证数据安全、准确，促使整个物流系统实现正常运转。

网络化布局

网络化强调实现物流系统中的各项物流资源的无缝连接，实现原材料从采购到商品交付整个过程的智能化。在智能物流系统中，各项设备不是独立运行的，而是要通过物联网、互联网技术实现智能连接，形成一个网状结构，提高信息交互速度与效率，实现自主决策。在这种网状结构下，整个物流系统运作效率极高，而且高度透明，每台设备的作用都可以得到最大限度的发挥。

满足柔性化生产需要

大规模定制是智能制造最显著的特征，是指由用户决定生产内容与生产数量，生产企业照章执行。进入智能制造时代之后，物流系统必须应对一系列挑战，例如产品创新周期越来越短，生产节奏持续加快，用户需求愈发个性化等。为此，生产制造业企业要开展柔性化生产，根据用户的个性化需求对生产环节进行灵活调整，在满足用户需求的同时降低生产成本，提高生产效率。

智慧供应链建设的挑战对策

我国制造业智能化转型升级的速度越来越快。在此形势下，智慧供应链建设逐渐成为制造业转型升级的必然趋势，在汽车、家电等企业智能化转型的过程中，智慧供应链生态圈得以构建。

目前，我国制造行业智慧供应链建设存在以下问题，例如尚未对智慧供应链形成全面认知，物流信息化水平欠佳，智慧供应链战略仍要健全，存在"信息孤岛"，专业人才短缺等。只有解决这些问题，才能做好智慧供应链建设，真正实现智能制造。

提高对智慧供应链的认识，强化供应链战略

我国智慧供应链建设仍处在建设阶段，很多制造业企业对供应链的本质认知不足，只知智能制造是发展趋势，却不知其发展原因，也不明如何做到智能制造，更别说从智慧供应链角度切入实现智能化转型。我国大部分制造业企业没有制定系统科学的智慧供应链战略，也没有明确的价值方向作为引导，这导致制造业企业的智能化转型面临一系列的困难。

为突破困境，我国制造业企业必须增进对智慧供应链的理解，制定科学的供应链发展战略，明确供应链发展方向，例如提高产品流转效率，提高客户服务的响应等级等，引领企业生产实现智能化，为企业运营目标的实现提供强有力的保障。

建设智能物流系统，提高物流信息化水平

在智慧供应链体系中，智能物流系统应使智能化的物流装备、信息系统与生产工艺、制造技术与装备紧密结合。但就目前的发展形势而言，相较于生产装备建设，制造业企业的物流系统建设比较滞后，物流作业仍处在机械化阶段，物流信息化水平较低，要想实现智能化、自动化，物流企业还需要付出诸多努力。

在此形势下，制造业企业要继续专注于智能物流系统建设，使物联网技术、信息技术、人工智能技术、大数据、云计算等技术在物流领域实现广泛应用，不断提升物流信息化水平，使整个物流过程实现自动化、智能化，做好智慧供应链建设，推动智能制造真正落地。

供应链上下游协同合作，打造智慧供应链平台

智慧供应链建设需要供应链上下游企业相互协同。现阶段，制造业企业应通过物联网、云计算等信息技术与制造技术的融合，做好智慧供应链平台建设，

实现供应链上下游企业软硬件资源的全方位联动，共享人、机、物、信息等资源，进而建设智慧供应链生态圈。

引进和培养专业的供应链人才

智慧供应链建设与智能制造的落地核心是需要具备专业的供应链人才。目前，很多制造业企业忽略了供应链人才的培养，导致专业的供应链人才紧缺。未来，企业智慧供应链建设要从人才建设的角度出发，对现有员工进行培训，让其掌握智慧供应链建设的相关知识与方法，同时与各大高校、科研院所合作，构建一个"政、产、学、研、用"一体的供应链人才培养模式，为智慧供应链建设提供人才支持。

总而言之，智能制造的落地需要制造业企业构建一个高度智慧的供应链系统，也要求供应链体系中的物流系统更加智能化。在此趋势下，制造业企业要和供应链上下游企业开展深度合作，加快智慧供应链建设，促进企业的智能物流系统持续完善，切实完成从"中国制造"到"中国智造"的转型。

 ## 未来智能物流与供应链形态

进入 21 世纪后，国内外的互联网技术及相关应用获得了飞速的发展。物联网即"万物相连的互联网"，是充分利用先进的通信技术与信息技术，将各种信息传感设备与互联网结合起来而形成的一个巨大网络。物联网实现了人、机、物之间的互联互通，并被应用于多个领域的建设发展。在物流领域，物联网技术可以实现物流供应链端到端全过程的实时管控。

当前，供应链之间的竞争已经成为企业竞争的重要一环。智慧高效的供应链不仅能够改善企业的运作方式，使企业取得明显的竞争优势，更有助于推动产业的变革和升级。

供应链的创新和升级与物流的智能化密不可分。智能物流，即通过互联网、物联网等技术将物流资源充分整合，提高物流运转的效率，使产业的发展能够获得高效的物流支持，进而带动整个制造业的智能化升级。

如今，制造行业的分工越来越细化，产品的供应链体系也更加复杂化。单件产品往往需要多个企业，甚至是不同国家的企业共同参与生产。这种"全球制造"的供应链体系对供应链的掌控方提出了极大的挑战，其需要实时获取所有信息，并对信息进行有效处理，使供应链中的所有参与者能够就共同的目标在研发、生产、销售等环节协同高效运作。

鉴于市场的复杂性和多变性，供应链各个环节的参与者都需要准确把握相关实时信息。例如，因为客户的需求存在不确定性，在生产资料的采购环节及生产环节，参与者需要实时获得客户需求信息。如果不能及时获得准确的信息，则可能导致缺货或产生库存积压问题，不仅影响客户满意度，而且会降低企业的竞争力。因此，供应链的掌控方需要与供应链上下游企业共同分享客户需求、实时库存等信息，进而提升供应链的智慧化程度。

供应链的智慧化需要以物流的信息化为基础。在实现高度信息化的供应链系统中，智能化的运作方式保证了物料、产品等能够顺畅流动。可以说，智能物流是供应链全球化的基础。

未来，供应链将致力于实现智慧化，而智慧供应链的内涵包括供应链数字化与物流智能化、协同透明化。

供应链数字化与物流智能化

供应链的数字化、信息化是供应链转型和升级的必然结果，也是物流智能化的重要基础。由于物流系统是供应链中不可或缺的重要组成部分，当供应链需要升级时，物流系统必然需要做出相应的改变。实现智能制造的最终目标决定了供应链需要以数字化为发展方向。

供应链数字化的具体含义如下。

- 在供应链信息的呈现方面，商品信息、链条结构、送达时效等均能通过数字或数字制成的图表清晰地表现出来。

- 在供应链的柔性化要求方面，需要以供应链的数字化保证供应链的柔性化。
- 在供应链与物流的衔接方面，供应链中的计划与物流之间的无缝衔接和准时交互等需要以供应链的数字化为基础。

协同透明化

随着全球产业分工越来越细化，数据孤立及信息断层的问题也更加突出。要打造良好的分工协作生态，就需要以协同透明化的体系为基础。以京东的深度协同解决方案为例，该平台为商家提供运营管理数据平台，实现商品数据共享，例如商品销量、库存、流量及转化率、售后评价等诸多信息，供应商借助数据分析可以制定出更科学的决策。这样，京东与供应商、制造商之间的产业链协同变得更加可视化、透明化，形成黏性更强的产业联盟。

综上，智慧供应链的"智慧"不仅是在供应链中大量使用新技术和设备，还是致力于打造协同共享、即时响应、实时可视、柔性定制的供应链模式。物流的智能化带动供应链的智慧化，进而推动智能制造的转型升级。

第 20 章　基于物联网的制造业物流信息化

 我国物流信息化面临的问题

制造业物流是指发生在制造领域的物品、信息、资金等资源的流动过程，这些资源流动大多是由原材料采购、产品生产、产品存储、产品销售等活动引发的，是原材料制成产品必经的过程。制造业物流可根据供应链划分为供应物流、生产物流、销售物流、回收物流、废弃物流等多种类型，贯穿采购、生产、销售等制造业运转的全过程，为制造业高效运转提供了强有力的支撑。

制造业物流信息化的基本概念

从制造业企业内部看，制造业物流信息化要求制造业企业将物流信息技术引入自己原有的物流过程，并与信息技术、制造技术融合，创建集成化的物流管理信息系统。利用该系统对企业的物流过程进行有效控制，打通企业内部的信息采集、传输与共享环节，让各个原本独立的信息系统交互，使整个业务流程实现信息化，使各部门之间的信息实现共享。

从供应链的角度看，制造业企业要对整个供应链物流进行信息化改造，利用网络技术使企业的信息系统与外部系统对接，例如，上下游企业的信息系统、政府监管部门的网络系统、社会物流系统等，以供应链为基础构建物流信息平台，实现外部资源共享、信息共用。

近年来，制造业与物流业实现了联动发展，制造业企业的物流信息化水平持续提升，物流信息技术在制造业的应用范围越来越广。

现阶段，制造业企业的信息化主要依托于 ERP 系统实现。ERP 系统是利用信息技术，引入系统化的管理思想，辅助企业决策、运行的平台。从本质上来看，ERP 系统的功能就是利用信息技术对物流、信息流、资金流进行高度集成化管理。ERP 系统是集成供应链管理的核心。

仿真软件在生产制造领域与供应链管理领域实现了广泛应用，该软件在生产制造领域生成生产仿真系统，通过重复仿真过程让整个生产过程的能量、物流、产能、时间等要素达到平衡，使整个生产系统的结构与功能实现优化。仿真软件的应用需要 ERP 系统的配合。目前，支持这两个系统综合应用的技术逐渐成熟，一些大型制造业企业已将这两大系统引入生产、物流环节，解决其中存在的一些实际问题。

我国制造业物流信息化的发展现状

（1）制造业与物流业信息资源融合度较低

现阶段，很多物流企业、制造业企业创建了自己的信息系统，各自收集信息资源，无法实现信息的有机融合，信息资源无法顺畅交换、有效共享，"信息孤岛"、信息不对称现象严重。因为物流企业无法和制造业企业形成信息联动，所以无法及时响应制造业企业的物流需求，二者很难实现联动发展。

（2）制造业物流信息化整体程度偏低

从整体来看，我国制造业的物流信息化水平较低。第 5 次中国物流市场供需状况调查显示，在我国大型制造业企业的现场物流中，实现看板管理的企业占 25%，准时生产配送的企业占 11%，原材料直送工位的企业占 44%，精益化物流管理的企业占 6%，另外，使用条码信息系统和集成化物流系统的企业各占 13%。至于中小制造业企业，物流信息化大多尚未开始，这种情况对制造业的资源整合非常不利。

（3）制造业物流信息平台建设较缓慢

物流行业是一个跨地区、跨行业、跨部门的综合性产业，涉及海关、民航、铁道等各个部门，因为各部门信息分散，所以难以实现资源共享，信息资源缺乏有效整合，导致物流信息平台建设相对缓慢。目前，钢铁、汽车、服装、烟草、饮料、电子等物流信息化程度较高的行业建设了物流信息平台，但也只是以供应链为基础，整合供应链上下游资源的高效、敏捷的制造业物流信息平台、供应链集成平台还不多见。

物联网技术与物流信息化

在计算机、互联网与移动通信引发信息化浪潮之后，物联网的出现再次引发了信息革命，受到了世界各国的高度关注。在很多国家和地区，物联网战略已升级为国家战略，物联网成为新的经济增长点，相应的产业应运而生。

物联网是信息化未来的发展方向，很多行业、领域的信息化将受此影响。制造业物流信息化代表了制造业信息化与物流信息化的融合，其发展必将受到物联网的深刻影响。

物联网及其支撑技术

物联网是以射频识别、红外感应装置、GPS、激光扫描仪等技术与设备为工具，按照事先约定好的协议让所有物品与互联网建立连接，进行信息交换，从而让产品识别、定位、跟踪、管理、监控等环节实现智能化的一种网络系统。

物联网是在互联网的基础上延伸而来的，其用户端可以是任何物品，借助互联网实现人与物、物与物的信息交互。物联网有三大特征：一是可全方位感知信息，二是可全面实现互联互通，三是可对数据信息进行智能化处理。物联网的发展建立在一些重要领域动态技术创新的基础上。物联网集成了很多技术，例如感知技术、组网技术、定位技术、云计算技术、智能服务技术等，并由此形成了物联网感知技术、物联网传输技术、物联网定位技术和物联网智能技术。

其中，物联网感知技术包括 EPC 编码技术、RFID 技术、传感器技术、机器视觉技术等。在这些技术的支持下，信息可实现高效采集与转换。

物联网传输技术涵盖了三大网络：一是基于蓝牙的无线传输网络，二是基于 Wi-Fi 的无线局域网络，三是基于 Zigbee 的无线传感网络。在这些技术的支持下，各种信息都能实现可靠的传递与交互。

物联网定位技术主要包括 RFID 定位、Wi-Fi 定位、蓝牙定位、GPS 及北斗卫星定位、超宽带定位、地磁定位、超声波定位等技术。物联网定位技术能够实现人对物的管理、物对物的自主管理，实现信息资源共享和交换。

物联网智能技术包含的内容非常丰富，例如智能计算技术、云计算技术、移动计算技术、ERP 技术、数据挖掘技术和专家系统技术等，利用这些技术，任务可实现智能化分配，终端用户可享受到更加优质的服务。

物联网对制造业物流信息化的影响

（1）提升了制造业物流信息化水平

制造业物流信息化的实现依赖于物流信息化技术在制造业领域的应用。这些可用于制造业的物流信息化技术包括条码技术、RFID 技术、EPC 编码技术等自动识别与数据采集技术，全球卫星定位系统、地理信息系统等自动跟踪与定位技术，电子数据交换技术等物流信息接口技术，物料需求计划、制造资源计划、企业资源计划、分销资源计划等企业资源信息技术，数据库、数据仓库等物流数据管理技术，自动分拣和传输设备、仓库管理系统、运输管理系统、配送优化系统等物流自动化设备和物流信息管理系统等。这些技术与物联网技术有着千丝万缕的联系，因此物联网技术在制造业物流领域的应用，必能提升制造业物流信息化水平，推动制造业物流信息化进一步发展。

（2）对制造业物流信息化建设提出了新要求

物联网技术在制造业的广泛应用，对制造业物流信息的采集、互联互通、加工处理提出了很多新的要求，使制造业的物流环境发生变化。

在制造业内部，为了将物联网技术引入现有的物流体系，必须改造现有的基础设施，利用信息采集、传感网等技术收集供应链的物流信息，实现信息互联互通。在制造业外部，必须根据物联网服务需求改变行业标准，将物联网技术与现有的物流技术体系相融，同时，物流行业的法律法规、现代金融服务等也要进行调整，以满足物联网技术的应用需求。

 基于物联网技术的物流信息化应用

在物联网环境下，通过应用物联网技术，制造业可构建一体化的供应链，让原材料通过采购、生产、运输、仓储、销售等环节转化为成品，并在此过程中实现信息共享。

在采购环节应用物联网技术，可提高信息的透明度，对物品进行可视化管理。借助物联网系统，企业可以选到合适的供应商，提交物料采购需求。供应商收到订单后，将订单信息输入系统就能获得最佳的选货路径，分拣物料，采集物料出库信息，并将物料信息上传到网络。如果供应商货源不足，系统则会发出提示并提供解决方案。

在生产环节使用 RFID 技术，可以自动监控整个生产过程。一线生产人员使用扫描器与计算机采集数据，对每个零部件进入生产线后的所有操作过程进行实时跟踪与监控。在生产过程中，对零部件加工与安装过程进行实时校验，创建流程控制系统，一线生产人员采集到的数据进入该系统后，管理人员可对每个生产环节进行监控，及时解决生产过程中的突发状况，控制产品质量。另外，在生产环节使用基于无线局域网的定时定位系统，可以跟踪产品生产过程，对产品质量进行追溯。

在运输环节使用 EPC 编码、RFID、GPS 等技术，可对货物运输过程进行可视化跟踪，对货物运输车辆进行智能化调度。在准备阶段，企业为需要运输的货物贴上 EPC 标签，在运输线路上的检查点安装 EPC 标签接收与转发设备，并为每辆运输车辆配置 GPS。在运输过程中，控制中心可利用 GPS 对车辆运输状态进行实时监控，跟踪货物的运输情况，将信息及时录入数据库，以便用户在线查询。一旦运输车辆或运输线路出现问题，智能运输系统就可立即确定车辆位置，并进行科学调度。

在仓储环节使用 RFID 技术、MES、仓库执行系统（Warehouse Executing System，WES），可实时获取库存信息，对各项资源进行实时跟踪，及时补给生产物资，调整生产节奏，提升资源管理水平。仓储人员将 RFID 电子标签贴在托盘上，实时采集、存储货物信息，借助读写器，电子标签中的信息可实时更新。在 MES、WES 的支持下，企业可无线收集电子标签中的信息，并及时对信息进行处理。

在销售环节引入物联网传输技术和智能技术，企业内部的销售系统可与各种外部系统对接，例如客户系统、社会物流系统、金融系统等，构建供应链物流网络，实时传输销售订单，统计、分析销售数据，结算销售货款，反馈客户意见与建议。

从整体来看，现阶段，RFID、EPC 编码、GPS/GIS、实时定位系统等技术已在制造业物流领域得到了广泛应用，基于蓝牙的无线传输网络技术、基于 Zigbee 的无线传感网络技术等技术的应用范围则比较小。而云计算等技术，则是制造业物流信息化技术未来的应用方向，且随着物联网技术持续革新，该技术必将在制造业物流领域实现大规模应用，推动制造业领域的物流智能化尽快落地实现。

 ## 我国制造业物流信息化的建设路径

在物联网环境下，物联网技术从各个方面渗透制造业物流信息化领域，在数字技术、智能技术、网络技术的基础上形成了制造业物流信息技术体系。制造业物流信息化将物流信息变成了一种商品，使物流信息实现自动化采集、数字化存储、电子化处理、标准化传递。综合考虑我国制造业物流信息化的发展现状与物联网对制造业物流信息化的要求，在物联网环境下，我国制造业物流信息化发展要采取以下措施。

建立政府协调机制和行业交流机制

制造业物流信息化需要工业管理部门、信息化管理部门、物流管理部门等政府部门支持，建立部门协调机制，对制造业、物流业、信息技术服务业的联动进行协调与指导，推动制造业、物流业共同开展信息化建设。此外，行业协会也要发挥桥梁作用，连接行业企业、企业与政策、制造业与物流业，增进它们之间的交流与互动，引导物流业与制造业建立战略联盟，从而推进制造业物流信息化发展进程。

制定制造业和物流业统一化标准

物流业与制造业需要制定统一的信息采集与传递规则，针对物流信息技术与信息资源建立统一的标准，建立信息采集、处理与服务交换机制，完善物联网标准体系，为制造业物流信息化发展提供强有力的支持。

促进物联网与企业现有资源融合

物联网技术在制造业物流信息化领域的应用会涉及企业原有的信息网络与管理系统，物联网需要和这些网络与系统（例如企业局域网、企业监控网等）进行交互。

企业局域网是在互联网的基础上建立的，可以融入物联网的网络层，为其在局域内传输信息提供便利，在企业内部实现信息无障碍传输与共享。物联网要和企业局域网实现全面融合，局域网中的所有信息都要接入互联网，在物联网智能技术的支持下展现出更强大的功能。

企业监控网和企业局域网利用各种传感设备监控整个生产过程，是物联网在企业的一种应用。事实上，物联网已从不同层面融入企业的 ERP 系统、SCM 系统、CRM 系统，其中 ERP 系统可以融入物联网的应用层，利用企业策略对物联网的基础设备进行有效管理，让生产管理实现智能化；物联网可以和 SCM

系统的各个环节实现有机融合，在物联网技术的支持下，供应链可实现一体化管理；CRM系统引入物联网技术，可对客户信息、业务流程、服务流程进行有效管理。

加快制造业物流信息平台建设

制造业物流信息化的实现需要以制造业物流信息平台建设为依托，该平台建设可以对行业资源进行有效整合，推动行业资源交互、共享。同时，制造业物流信息平台的构建还有利于物联网在企业实现广泛应用。

制造业物流信息平台需要具备三大功能：一是支持制造业企业的信息系统与物流企业、供应商、客户的信息系统对接，促进整个供应链物流相互协作；二是支持制造业企业通过数据接口与更多信息平台对接，例如，行业物流信息平台、区域物流信息平台等，充分发挥平台的集成作用；三是支持信息收集与发布，为合作企业、社会公众提供可视化的"一站式"服务体验。

加速物联网关键技术开发与应用

我国制造业物流信息化要想快速发展，就必须解决物联网关键技术研发这一问题。为此，我国制造业企业、相关研究机构和高校必须形成合力，采取有效措施，大力发展物联网中间件技术，使各种产业资源尽快聚合。

加快培养和引进复合型物流人才

制造业物流信息化发展需要复合型人才，这里的复合型是指人才要兼具制造业、物流业和信息化3个领域的知识与技能。

首先，高校要加强理论教育，让人才具备扎实的理论基础；其次，企业可以通过大范围的招聘选拔，集聚精通物联网技术的人才；最后，企业还要加强内部培训，帮企业现有人员弥补知识、技能方面的不足，将现有员工培养成复合型人才。总而言之，制造业企业要通过各种方式引进复合型人才，为制造业物流信息化发展提供人才保障。

　　对我国的制造业物流信息化来说，物联网是未来的发展方向之一。物联网利用感知技术采集物品信息，识别物品属性，利用传输技术传递物流信息，利用智能技术处理各种信息，更全面、更精准地感知这个物质世界，让企业决策与控制实现智能化。随着物联网技术在制造业的应用范围越来越广泛，我国制造业物流必将具备数字化、网络化、集成化、智能化的特点。

第 21 章　RFID 技术在智能仓储中的应用探究

 ## RFID 技术在智能仓储中的应用优势

在整个物流过程中，仓储是一个非常重要的环节。随着经济不断发展，科学技术持续革新，仓储的内涵与外延有了较大改变。智能仓储将仓储与计算机融合到了一起，近年来实现了迅猛发展。在智能仓储领域，RFID 技术发挥了极其重要的作用。

RFID 技术是一种非接触式的自动识别技术，可通过射频信号对目标进行自动识别，获取相关数据，整个过程不需要人为干预，可应用于各种恶劣环境中。RFID 技术可对处于高速运动状态的物体进行识别，还可同时对多个标签进行识别，操作起来非常方便、快捷。RFID 技术与互联网、通信等技术相结合，可对全球范围内的物品进行跟踪，对各种信息进行共享。

RFID 物品识别要为每个实体物品添加唯一的标识。在智能仓储中，RFID 技术的优势见表 21-1。

表21-1　RFID技术的优势

优势	具体表现
扫描强度大	传统的条形码扫描技术一次只能扫描一个标签，而 RFID 技术则可以同时对多个标签进行批量扫描
形态多样，占据的空间比较小	RFID 设备小巧个性，在任何产品中都适用，适合开展各种精准测量
可长期使用，具有抗污染的特点	相较于传统的纸质标签，RFID 技术将数据隐藏在芯片中，可以在很大程度上防止标签受到污染，还可以有效预防化学药品的损害。另外，相较于将数据记录在纸张上、附于纸箱或塑料袋上的传统标签，RFID 标签可提高利用率，降低成本
重复使用率较高	传统标签复印后无法修改，而且只能使用一次。而 RFID 标签数据存储在卷标内，可以重复修改，例如删除旧数据、增加新数据，实现数据更新
具有穿透性，可实现无屏障阅读	RFID 技术可穿透非金属材料与非透明材料，实现穿透性通信
可存储大容量的数据	目前，RFID 的最大容量有数兆，远大于传统条形码的最大容量。随着科技的迅猛发展，RFID 存储的数据规模不断扩大，携带的资料量也将越来越多。未来，RFID 卷标的利用率将大幅提升
安全性比较高	因为卷标内设有密码，所以带有 RFID 标签的产品不会被伪造，而且很难被破解

 # 基于 RFID 技术的智能仓储模式

　　智能仓储是物流过程中的重要一环，可提升货物仓库管理各环节数据的输入速度，保证数据输入的准确性，让企业及时掌握真实的库存信息，从而对企业库存进行有效控制。另外，科学编码可帮助智能仓储对库存货物的批次、保质期等内容进行科学管理，借助库位管理功能，对所有库存当前所处位置进行精准定位，使仓储管理的工作效率得以切实提升。

智能仓储的相关环节

　　智能仓储实现了仓储信息化、智能化的有机结合，具体可应用于以下 5 个环节。

（1）生产环节

RFID 技术广泛应用于生产环节，实现了整个生产过程的自动化，提高了生产效率，降低了生产过程的出错率，还能对库房存储情况做出精准判断，查看零部件的剩余情况，一旦发现物品缺失，可通知生产部门及时补货。

（2）仓储环节

RFID 技术在仓储环节的应用也非常广泛。例如，在存取货物与盘点库存的过程中，如果在传送带上同时放置自动阅读器与手动装置，不仅可以保证货物信息完整、准确，还能减少货物信息的出错率，减少人力、财力等资源的浪费。

（3）运输环节

在物流运输环节，贴了 RFID 标签的货物可以通过转发装置接受检查，将检查结果传输到货物调度中心，录入运输数据库。

（4）配送与分销环节

借助 RFID 技术，通过传送带上的阅读器，RFID 标签可自动读取产品信息，对信息的正误做出科学判断，及时纠正出错信息，将商品送达时间、入库时间、仓库信息完整地记录下来，使商品物流配送效率大幅提升，货物配送出错率与配送成本有效下降。

（5）零售环节

借助互联网，库存管理将变得越来越便捷。RFID 标签可实现对商品在有效期限内的实时监控，实现在无人监控的情况下自动收费，节省时间与人力成本。如今，RFID 技术已切实融入人们的日常生活，在各大超市得到广泛应用。

实际应用

对仓储管理来说，RFID 技术的优点在于简单、安全、实用，其功能非常丰富，包括商品的智能入库、出库、借用、归还、审批、过保、查询、库存、分发、采购、调拨、报表等。下面对 RFID 技术在商品入库、出库环节的应用进行具体分析。

（1）仓储管理系统首页

仓储管理系统首页显示当月的库存信息，并配有快捷操作，例如，设置物品信息、增加人员操作、入库操作、添加仓库操作等，操作系统导航位于左侧边栏，出库信息位于右侧。在仓储管理的过程中，各部门相互协作，供应商根据企业采购部门提供的需求清单采购货物，货物通过验收后存储在库房中，财务部门根据货物价格接收货物清单，如果货物数量过多或价格过高，则系统会提交申请，由财务部门进行审批。在产品销售过程中，销售部门会将客户订单发送到仓储部门，仓储部门接收到订单后会安排货物出库。除此之外，该系统还可以将各部门间的货物往来、调拨情况记录下来。

（2）商品入库

仓库入库口的通道处安装了阅读器，阅读器可以自动识别货物外包装上附带的电子标签，获取货物的相关信息，将这些信息自动输入仓储管理系统，具体流程如下。

- 阅读器验证电子标签的真实性，确认电子标签为真后，允许商品进入后续的处理流程，如果发现电子标签为假，则会立即发出报警信息通知仓储管理员进行处理，并拒绝商品入库。
- 阅读器获取电子标签的相关信息，将信息与订货单上的信息进行核对，汇总检验结果提交给仓库管理员。仓库管理员确认无误后，阅读器就会在货物的电子标签内写入位置信息，然后生成入库清单并更新货物的库存信息。
- 库存管理系统向作业叉车上的射频终端发送指令，引导叉车按照最佳路径将货物放到相应位置，完成入库。

（3）商品出库

在完成商品入库后，可根据需要安排商品出库。如果没有添加商品信息，则用户可在系统出库页面添加相关信息。如果系统已经存在出库信息，则出库信息会在页面中显示；如果系统没有出库信息，则需要工作人员提前添加出库信息。

 # RFID 技术存在的问题与发展对策

现阶段，RFID 技术在物流领域尤其是在仓储领域实现了广泛应用，其潜力也逐渐显现。但 RFID 技术在智能仓储领域的应用还存在很多问题，下面对这些问题及解决方法进行解析。

RFID技术面临的主要问题

（1）易破解问题

大部分 RFID 芯片非常容易被破解，一些廉价芯片没有电池保护，在扫描时主要由读卡机提供能量。芯片本身没有动力系统，经常受到"能耗途径窃取"的攻击，存在安全漏洞。

（2）人才缺口问题

目前，RFID 技术领域的人才比较缺乏，人才需求远远大于供给。根据相关数据，未来将有越来越多的公司投入更多时间与精力培养 RFID 领域的人才，推动 RFID 技术发展。

（3）成本问题

国内 RFID 技术的发展在初期遇到了成本问题。因为 RFID 技术的成本过高，所以国内很多企业望而却步，不敢轻易引入使用。

我国未来RFID技术的发展建议

（1）加强芯片研发

目前，在 RFID 天线规划、设计与开发方面，我国各项能力初备，但仍需加强芯片研发方面的投入，实现自主研发。

（2）在高校设置相关专业

我国各大高校要积极开设 RFID 技术相关专业，做好相关人才的培养工作，鼓励相关专业的学生投入更多的时间与精力参与企业实践，积累更多经验。

（3）与各大企业联合生产

要想在保证芯片安全的基础上降低芯片研发成本，可以鼓励国内的芯片制造商与国外的芯片制造商建立战略合作，利用国外芯片制造商的先进技术降低芯片研发、生产成本，进而降低芯片价格。

作为物流过程中的重要环节，仓储的发展水平对物流的科技化、智能化、高效化发挥着至关重要的作用。综上，我们对智能仓储过程中的商品出库、入库做了全面研究，发现传统仓储系统还存在相关问题，例如，占地面积大、出入库过程烦琐、需要投入巨额资金、生产效率低、耗时长等。

随着生产方式越来越现代化，传统仓储系统与管理模式不再适用，需要建立新的仓储模式。对仓储物流来说，融合了先进物流设备、自动控制系统、计算机及其网络、信息识别和信息管理系统的现代仓储系统的建设是大势所趋。目前，智能仓储系统在各大企业均实现了广泛应用，货物出库速度、入库速度、仓库运行效率得以大幅提升，管理成本显著下降，企业的竞争力有了明显提升。基于这些优点，智能仓储迅速发展，未来必将在各行各业实现广泛应用。